数字建造BIM应用教程
机电建模与管线综合技术

杜璟 毛颖 主编

化学工业出版社

·北京·

内容简介

本书全面介绍了 BIM 技术在机电建模领域的前沿应用。结合高职教育特色，通过理论与实践相结合的方法，深入剖析了 BIM 在机电管线设计、施工与管理中的关键作用。本书由高校教师与资深工程师共同编写，确保实用性与前瞻性。9 个项目循序渐进，从 BIM 基础到高级应用技能，全面覆盖机电建模核心技术。本书还强调产教融合与校企合作，课证融通，配备丰富资源，旨在培养学生实际操作能力，提高学生职业素养。

本书可作为高职院校相关专业 BIM 课程的教材，也可作为建筑相关从业人员、BIM 爱好者学习及参考用书。

图书在版编目（CIP）数据

数字建造 BIM 应用教程：机电建模与管线综合技术 / 杜璟，毛颖主编. -- 北京：化学工业出版社，2024. 8.
ISBN 978-7-122-45804-9

Ⅰ. TU85-39

中国国家版本馆 CIP 数据核字第 2024JC1987 号

责任编辑：孙晓梅　　　　　　　　文字编辑：冯国庆
责任校对：王　静　　　　　　　　装帧设计：张　辉

出版发行：化学工业出版社
　　　　　（北京市东城区青年湖南街 13 号　邮政编码 100011）
印　　装：河北延风印务有限公司
787mm×1092mm　1/16　印张 15¼　字数 385 千字
2024 年 8 月北京第 1 版第 1 次印刷

购书咨询：010-64518888　　　　售后服务：010-64518899
网　　址：http://www.cip.com.cn
凡购买本书，如有缺损质量问题，本社销售中心负责调换。

定　　价：68.00 元　　　　　　　　版权所有　违者必究

前言

随着建筑信息模型（BIM）技术在全球范围内的普及和深入应用，它已经成为现代建筑行业中不可或缺的一部分。BIM 技术不仅改变了传统建筑行业的生产方式和流程，还极大地提高了项目的质量、效率和可持续性。特别是在机电建模领域，BIM 技术的应用更是显著，它使得机电管线的设计、施工和管理变得更为精准、高效和协同。

本教材的编写，紧密结合高职教育的特点，注重理论与实践相结合，力求为学生提供一本既具有理论深度又具有实践指导意义的 BIM 机电建模教材。同时深入企业一线，与经验丰富的工程师紧密合作，共同梳理出机电建模中的核心技术和关键流程。同时，我们还邀请了一线工程师参与教材的编写，确保内容的实用性和前瞻性。在编写过程中，我们注重培养学生的实际操作能力，通过丰富的实例和图解，让学生能够在实践中掌握 BIM 机电建模的核心技术。同时，我们还强调学生的职业素养和团队协作能力的培养，为他们未来的职业发展打下坚实的基础。

本书共分为九个项目，从 BIM 技术的初识开始，逐步深入到机电建模的具体实践。我们将详细介绍建筑给排水、暖通、电气等系统的 BIM 建模方法，以及设备管线的优化、工程量统计、CAD 出图和协同工作等关键技能。我们还加入了"族的创建"这一项目，鼓励学生发挥创造力，根据实际需求创建自定义的 BIM 族，进一步提升他们的实践能力和创新意识。本教材具有以下特色。

（1）产教融合与校企合作：本教材紧密结合高职教育的特点，与企业一线工程师的紧密合作，梳理岗位核心技术和行业前沿，确保教材内容的实用性和前瞻性。

（2）课证融通：本教材紧密结合 BIM 1+ X 职业技能考试的要求和标准，内容覆盖考试所需的知识点和技能点，为参加 BIM 1+ X 职业技能考试打下坚实的基础。

（3）丰富的配套资源：本教材配备了丰富的配套资源，包括案例教学、操作技能微课、CAD 图纸、模型等，为学生提供了全方位的学习支持。

本书由深圳职业技术大学杜璟、毛颖担任主编，中建七局设计研究院赵帅、山西四建集团有限公司袁兵阳、深圳职业技术大学练丽萍、湖南利联安邵高速公路开发有限公司许帆担任副主编。具体分工如下：深圳职业技术大学杜璟编写项目 1 和 2（约 7 万字），山西四建集团有限公司袁兵阳编写项目 3 和 4（约 9.2 万字），中建七局设计研究院赵帅编写项目 5 和 6（约 5.3 万字），深圳职业技术大学练丽萍编写项目 7（约 2.8 万字），湖南利联安邵高速公路开发有限公司许帆编写项目 8（约 7.3 万字），深圳职业技术大学毛颖编写项目 9（约 14.4 万字）。全书由杜璟统稿，毛颖校稿。此外，感谢深圳职业技术大学学生郑栾株、陈奕婷对教材的资料收集、排版等工作的付出。

最后，再次感谢各位读者对本书的支持和信任。由于编者学识有限，书中疏漏之处在所难免，恳请读者给予批评指正，我们将不断完善和优化教材内容，为读者提供更多优质的学习资源和内容。

目录

项目 1　BIM 技术初识　　1

　任务 1.1　什么是 BIM　　2
　　1.1.1　BIM 技术的概述　　2
　　1.1.2　BIM 的核心理念　　2
　　1.1.3　BIM 技术的特征　　3
　　1.1.4　BIM 技术的优势　　4
　任务 1.2　BIM 行业发展　　5
　　1.2.1　标准制定　　5
　　1.2.2　BIM 系统软件发展　　6
　　1.2.3　BIM 机电模型的创建步骤　　8

项目 2　绘制准备　　10

　任务 2.1　Revit 软件常用功能介绍　　11
　　2.1.1　Revit 软件简介　　11
　　2.1.2　Revit 常用功能介绍　　12
　任务 2.2　建筑结构模型导入　　26
　　2.2.1　新建项目　　26
　　2.2.2　建筑结构模型链接　　28
　　2.2.3　链接管理　　28
　任务 2.3　标高、轴网创建　　29
　　2.3.1　标高创建　　29
　　2.3.2　轴网创建　　30
　任务 2.4　CAD 图纸导入　　35
　　2.4.1　建筑给排水图纸导入　　35
　　2.4.2　暖通电气图纸导入　　36
　　2.4.3　CAD 图纸管理　　36

项目 3　建筑给排水系统模型绘制　　37

　任务 3.1　卫生器具的布置　　38
　　3.1.1　卫生器具的载入　　38

3.1.2　卫生器具的放置　　　　　　　　　　　　　　　　　　　38

　任务 3.2　管道的绘制　　　　　　　　　　　　　　　　　　　　　40
　　　3.2.1　属性设置　　　　　　　　　　　　　　　　　　　　　　40
　　　3.2.2　尺寸设置　　　　　　　　　　　　　　　　　　　　　　41
　　　3.2.3　管道绘制　　　　　　　　　　　　　　　　　　　　　　42
　　　3.2.4　设备连管　　　　　　　　　　　　　　　　　　　　　　44
　　　3.2.5　立管的绘制　　　　　　　　　　　　　　　　　　　　　45
　　　3.2.6　自动连接　　　　　　　　　　　　　　　　　　　　　　46
　　　3.2.7　坡度设置　　　　　　　　　　　　　　　　　　　　　　46
　　　3.2.8　软管绘制　　　　　　　　　　　　　　　　　　　　　　48

　任务 3.3　管件的布置　　　　　　　　　　　　　　　　　　　　　49
　　　3.3.1　管件的使用方法　　　　　　　　　　　　　　　　　　　49
　　　3.3.2　存水弯的使用及绘制　　　　　　　　　　　　　　　　　50

　任务 3.4　管道附件的创建　　　　　　　　　　　　　　　　　　　53

　任务 3.5　消防设备的布置　　　　　　　　　　　　　　　　　　　54
　　　3.5.1　消防设备布置的介绍　　　　　　　　　　　　　　　　　54
　　　3.5.2　消防设备的放置方法　　　　　　　　　　　　　　　　　54

项目 4　建筑暖通系统模型绘制　　　　　　　　　　　　　　　57

　任务 4.1　暖通机械设备　　　　　　　　　　　　　　　　　　　　58
　　　4.1.1　机械设备的布置　　　　　　　　　　　　　　　　　　　58
　　　4.1.2　机械设备的连管　　　　　　　　　　　　　　　　　　　58

　任务 4.2　风管绘制　　　　　　　　　　　　　　　　　　　　　　61
　　　4.2.1　属性设置　　　　　　　　　　　　　　　　　　　　　　61
　　　4.2.2　尺寸设置　　　　　　　　　　　　　　　　　　　　　　64
　　　4.2.3　风管的创建及参数设置　　　　　　　　　　　　　　　　64
　　　4.2.4　风管对正　　　　　　　　　　　　　　　　　　　　　　66
　　　4.2.5　自动连接　　　　　　　　　　　　　　　　　　　　　　68
　　　4.2.6　风管管件的编辑　　　　　　　　　　　　　　　　　　　69
　　　4.2.7　风管管件的使用　　　　　　　　　　　　　　　　　　　73
　　　4.2.8　软风管的绘制　　　　　　　　　　　　　　　　　　　　75
　　　4.2.9　软风管的样式　　　　　　　　　　　　　　　　　　　　76

　任务 4.3　风管附件和风道末端的创建　　　　　　　　　　　　　　77
　　　4.3.1　风管附件的创建　　　　　　　　　　　　　　　　　　　77
　　　4.3.2　风道末端的创建　　　　　　　　　　　　　　　　　　　78

　任务 4.4　风管其他参数设置　　　　　　　　　　　　　　　　　　81
　　　4.4.1　风管设置　　　　　　　　　　　　　　　　　　　　　　81
　　　4.4.2　风管隔热层和衬层　　　　　　　　　　　　　　　　　　83

项目 5　建筑电气系统模型绘制　　　　　　　　　　85

任务 5.1　电气设备　　　　　　　　　　86
任务 5.2　电缆桥架的绘制　　　　　　　　　　89
　　5.2.1　属性设置　　　　　　　　　　89
　　5.2.2　尺寸设置　　　　　　　　　　90
　　5.2.3　桥架绘制　　　　　　　　　　91
　　5.2.4　桥架对正　　　　　　　　　　97
任务 5.3　线管的创建与连接　　　　　　　　　　97
　　5.3.1　属性设置　　　　　　　　　　97
　　5.3.2　尺寸设置　　　　　　　　　　97
　　5.3.3　线管绘制　　　　　　　　　　98
　　5.3.4　线管与设备的连接　　　　　　　　　　99
　　5.3.5　其他参数设置　　　　　　　　　　102

项目 6　设备管线优化　　　　　　　　　　107

任务 6.1　碰撞检查　　　　　　　　　　108
　　6.1.1　碰撞检查简介　　　　　　　　　　108
　　6.1.2　碰撞优化技巧　　　　　　　　　　111
任务 6.2　管线优化原则　　　　　　　　　　112
任务 6.3　管线优化案例　　　　　　　　　　112

项目 7　工程量统计　　　　　　　　　　115

任务 7.1　创建实例明细表　　　　　　　　　　116
　　7.1.1　管线长度统计　　　　　　　　　　116
　　7.1.2　统计设备数量　　　　　　　　　　122
任务 7.2　明细表导出　　　　　　　　　　128

项目 8　CAD 出图和协同工作　　　　　　　　　　129

任务 8.1　分专业出平面图　　　　　　　　　　130
　　8.1.1　系统类型创建　　　　　　　　　　130
　　8.1.2　过滤器的应用　　　　　　　　　　131
　　8.1.3　视图创建　　　　　　　　　　138
　　8.1.4　创建视图样板　　　　　　　　　　141
　　8.1.5　图纸导出　　　　　　　　　　148

任务 8.2　项目协同工作　154

项目 9　族的创建　165

任务 9.1　族的简介　166
    9.1.1　选择族的样板　166
    9.1.2　设置族类别和族参数　167
    9.1.3　创建族的类型和参数　167
    9.1.4　创建实体　171
    9.1.5　设置参数　178
    9.1.6　设置可见性　182
    9.1.7　添加族的连接件　183

任务 9.2　二维族的创建　186
    9.2.1　管道注释　186
    9.2.2　风管注释　191
    9.2.3　桥架注释　191

任务 9.3　三维族的创建　193
    9.3.1　配电箱　193
    9.3.2　水泵　209
    9.3.3　灯具　219

附录　Revit 常用快捷键及修改方法　230

参考文献　235

项目1　BIM技术初识

思维导图

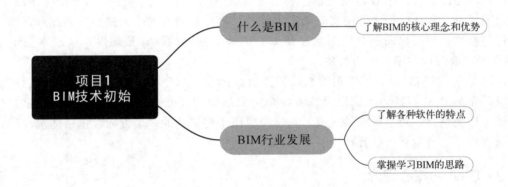

教学目标

通过本章学习，准确理解 BIM（建筑信息模型）的定义，掌握 BIM 技术的核心特点，了解 BIM 技术应用场景，深入分析 BIM 技术的特征及优势，初步了解 BIM 行业的发展趋势，初步了解机电模型在 BIM 中的创建步骤。

教学要求

能力目标	知识目标	权重
学会分析 BIM 技术的特征及优势	掌握 BIM 的基本概念	40%
了解 BIM 技术的应用范围	了解 BIM 行业的发展前景	30%
掌握 BIM 机电模型的创建步骤	了解机电模型创建的先后顺序	30%

任务1.1 什么是BIM

1.1.1 BIM技术的概述

BIM,即建筑信息模型(building information modeling),是一种以三维数字技术为基础,集成建筑工程项目各种信息,应用于建筑项目全生命周期信息管理的数字化工具。BIM将建筑项目的所有信息纳入一个三维的数字化模型中,这个模型不是静态的,而是随着建筑生命周期的不断发展而逐步演变的。BIM技术可以用于碰撞分析、结构分析、耗能分析、方案展示和模拟施工等方面,从而避免失误和返工,提高管理水平和工作效率。

从方案设计到施工图、建造和运营维护等各个阶段的信息,都能不断融入模型,故BIM是真实建筑物在计算机中的数字化记录。当设计、施工和运营等各方人员需要获取建筑信息时,如图纸、材料统计和施工进度等,皆可迅速提取。

从技术层面而言,BIM将建筑信息整合于一个模型文件中。无论是平面图、剖面图还是门窗明细表,皆从模型文件中实时动态生成,可视作数据库的一个视图。因此,在模型中进行任何修改,相关视图都会实时动态更新,确保数据一致性和最新性,从根本上消除了CAD图形修改时版本不一致的现象。

BIM基于三维CAD技术发展而来,但其目标远超CAD。如果说CAD可提高建筑师绘图效率,那么BIM则致力于优化建筑项目全生命周期的性能表现和信息整合。当前,BIM技术越来越受到行业乃至国家的重视,正逐步应用于建筑业的多个方面,包括建筑设计、施工现场管理、建筑运营维护管理等。

1.1.2 BIM的核心理念

BIM的核心理念就是在于"I",即信息。在BIM模型中,信息的维度可以被划分为六个不同的维度,分别是1D至6D。这些维度是根据信息的不同形式和复杂性进行划分的,每个维度都有其特定的用途和含义,如图1-1所示。首先,1D信息主要以文字性描述为主。这种信息是最基础的,主要包括建筑物的基本属性,如名称、地址、面积等。这种信息的获

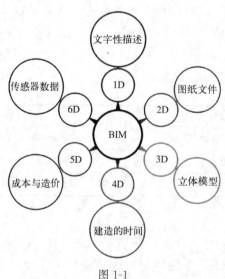

图1-1

取和更新相对简单,但无法提供复杂的三维视图或者动态变化信息。其次,2D 信息通常以图纸文件为主。这种信息可以提供更详细的建筑物形状和尺寸信息,包括平面图、立面图、剖面图等。通过这些图纸,人们可以对建筑物的空间布局和结构有更深入的理解。然后,3D 信息多以立体模型为主。这种信息可以提供更为直观的建筑模型,使人们能够从各个角度查看建筑物的形状和细节。同时,通过三维模型,还可以模拟建筑物的各种物理性能,如光照、通风、热传导等。接下来,4D 信息通常包含项目的建造时间信息。这种信息可以帮助人们预测项目的进度,以及可能出现的问题和风险。通过对历史数据的分析,可以制定出更有效的项目计划和管理策略。第五个维度是 5D 信息,主要是在施工进度的基础上整合成本与造价的信息,可以利用 BIM 模型直观地看到动态的成本变化。这种信息对于项目管理来说至关重要,因为它可以帮助人们实时监控项目的成本情况,及时调整预算和资源分配。最后,6D 信息通常在运营阶段整合温度、湿度、压力、能耗等传感器信息,实时显示建筑物的物理性能、状态。这种信息对于建筑的运营管理和维护非常重要,它可以帮助人们及时发现和解决问题,提高建筑物的使用效率和寿命。

总体来说,BIM 的六个维度提供了从基础到高级、从静态到动态的全方位信息,为人们提供了全面、准确、实时的建筑信息,从而提高了工作效率和决策质量。

1.1.3 BIM 技术的特征

BIM 不是单单指某一种软件,而是一个方法或是流程,它使项目团队能够与技术人员进行交互,从而在建筑、工程和施工市场中提供更出色的项目结果。BIM 流程不仅局限于几何体,而且能捕获真实世界建筑组件所固有的关系、元数据和行为。这些数据与 BIM 生态系统技术相结合,以多种形式访问(二维、三维),是动态的、实时更新的,这是传统三维建模无法实现的效果。BIM 在建筑全生命周期内的主要特征如下。

① 可视化:BIM 可视化是指一种所见即所得的展示形式,能够在构件之间形成互动性和反馈性,使项目全生命周期管理均在可视化的状态下进行。

② 一体化:BIM 技术贯穿工程项目全生命周期的一体化管理,包括设计阶段、施工阶段和运营管理阶段。如设计阶段,不同专业协同设计,整合到同一个建筑信息模型中;施工阶段,运用 BIM 技术管理建筑质量、进度和成本等信息,实现施工中的可视化模拟和可视化管理;运营阶段,通过 BIM 技术方便设备维护,能耗统计,有利于降低运维成本。

③ 参数化:参数化建模是指使用参数而不是数字来建立和分析模型。通过更改模型中的参数值,可以创建和分析新模型,如图 1-2 所示。BIM 技术的参数化设计分为两个部分:"参数化图元"和"参数化修改引擎"。"参数化图元"是指在 BIM 中,图元以构件的形式出现。这些构件之间的差异是通过调整参数来反映的。参数保存了构件的所有信息,使其成为数字化建筑组成部分。"参数化修改引擎"是指通过更改参数来自动更新其他相关部分的技术。参数化设计的本质是在可变参数的作用下,系统能够自动维护所有的不变参数。

④ 仿真性:BIM 技术的仿真性可用于建筑物性能分析、施工仿真、施工进度模拟和运维仿真。建筑物性能分析是指利用虚拟建筑模型进行能耗分析、光照分析、设备分析和绿色分析等。施工仿真则可用于施工方案模拟、工程量自动计算和消除施工工艺冲突等。施工进度模拟可将 BIM 技术与施工进度计划相连接,以 4D 可视化方式反映整个施工过程。运维仿真包括设备的运行监控、能源运行管理和建筑空间管理等。

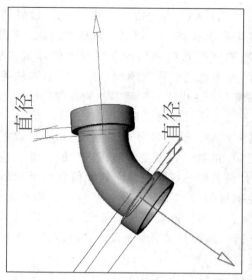

图 1-2

⑤ 优化性：建筑工程是一个"庞大的机械"，需要不断地进行优化和完善，缺少完整、全面、准确、及时的信息就不能在一定时间内做出判断并提出合理的优化方案。BIM 及与其配套的各种优化工具为复杂项目的优化提供了可能，在各个专业都可以利用 BIM 技术进行深化设计。

⑥ 协调性：BIM 系统作为建筑模型信息平台，为设计者、施工方和业主之间搭建了完善的沟通桥梁，并为工程项目的参与方提供了大量具有实质性意义的数据与资料，实现了建设项目的信息共享和协同工作。

⑦ 可出图性：BIM 可进行建筑平面、立面、剖面及详图的输出，同时还可以出具碰撞报告、管线空间布局图和构件加工图等，从而更加直观地指导项目建设。

1.1.4 BIM 技术的优势

BIM 技术越来越受到建筑行业的重视，应用 BIM 可提升建筑工程生产效率、提高建筑质量、缩短工期、降低建造成本。

（1）信息汇集，实时查阅

BIM 模型是一个集产品规格和性能特征于一体的数据库，借助 BIM 技术，随时掌握最新、完整、实时的数据。

（2）协同合作，品质保障

传统协同主要涉及设计阶段各专业间、建造阶段各参与方间、运维阶段物业管理部门与厂商及相关方的协同。然而，由于建造特点的限制，各阶段割裂，各参与方独立，形成过程性和结果性的信息孤岛。BIM 技术作为连接中心枢纽，起到了全生命周期协同的作用，使各方能随时传递和交流项目信息，同时保留传递和交流情况，支持各参与方在完整、即时的信息条件下工作，确保生产及工作品质。

（3）三维渲染，展示宣传

三维渲染动画给人以真实感和直接的视觉冲击。创建的 BIM 模型可作为二次渲染开发的模型基础，大幅提高三维渲染效果的精度与效率，为业主提供更为直观真切的场景模拟。BIM 的三维展示作用至关重要，其与 GIS/VR/AR 技术的结合仍需不断探索。

(4) 虚拟施工，高效协同

三维可视化功能结合时间维度，实现虚拟施工。可以实现直观快速地将施工计划与实际进展进行对比，同时进行有效协同，施工方、监理方甚至非工程行业出身的业主领导都能对工程项目的各种问题和情况进行深入了解。通过 BIM 技术结合施工方案、施工模拟和现场视频监测，大幅减少建筑质量问题与安全问题，降低返工和整改率。

(5) 碰撞检查，优化设计

BIM 技术的直观特点是三维可视化，利用 BIM 的三维技术在前期可以进行碰撞检查，优化工程设计，减少建筑施工阶段可能出现的错误损失和返工可能性。同时优化净空、管线排布方案等。另外施工人员可利用碰撞优化后的三维管线方案进行施工交底和施工模拟，提高与业主沟通的能力，如图 1-3 所示。

图 1-3

(6) 冲突调用，决策支持

BIM 数据库中的数据具有可计量的特点，大量与工程相关的信息为工程提供数据后台的强大支撑。BIM 中的项目基础数据可在各管理部门进行协同和共享，工程量信息可根据时空维度、构件类型等进行汇总、拆分、对比分析等，保证工程基础数据及时、准确地提供，为决策者制定工程造价项目群管理、进度款管理等方面决策提供依据。

任务 1.2　BIM 行业发展

1.2.1　标准制定

(1) 国内相关标准

我国自 2000 年起开始 BIM 技术研究，此前对 IFC 标准已有深入研究。2016 年 8 月，住建部发布《2016～2020 年建筑业信息化发展纲要》，明确"十三五"期间要全面提升建筑业信息化水平，强化 BIM、大数据、智能化等信息技术集成应用能力，实现建筑业数字化、网络化、智能化的突破性进展，并初步构建一体化行业监管和服务平台。为达成发展纲要目标，住建部于 2017 年 5 月 4 日发布第 1534 号公告，批准《建筑信息模型施工应用标准》为国家标准，填补了我国 BIM 技术应用标准的空白。同年 12 月 26 日颁布《建筑信息模型设计交付标准》，于 2019 年 6 月 1 日起实施。此外，还有两项 BIM 国家标准正在编制中，包括《建筑信息模型存储标准》和《制造工业工程设计信息模型应用标准》。各省市为贯彻国家建筑业信息化政策，相继出台符合地方实际的文件。例如，上海市在 2015 年发布了《上海市建筑信息模型技术应用指南（2015 版）》，并在 2017 年对其进行修订，形成了《上海市建筑信息模型技术应用指南（2017 版）》。北京市在指导意见中明确要推动 BIM 技术的全面普及，充分利用 BIM 技术强化工程建设预控管理。深圳市开创了国内首个基于国际 IFC 数据格式的地方 BIM 数据标准《深圳市建筑信息模型数据存储标准》以及国内首部针对房屋建筑工程的三维 BIM 正向设计示例图集《建筑工程信息模型设计示例》。

(2) 国外相关标准

Building SMART 组织针对建筑工程信息数据的研究，将工程信息与相关共享数据内容的信息模型进行总结定义，制定了工业基础类（industry foundation classes，IFC）标准；通过深入了解建筑工程建设从设计到运维管理整个项目生命周期过程，该组织对其工程数据信息相互交换所需要的每一个过程进行了定义，编制了信息交付手册（information delivery manual，IDM）标准。英国政府鼓励建筑领域的机构单位加大对建筑工程信息化建设的应用研究，通过实践项目案例应用情况，进行总结分析，1997 年，发布了国家级 BIM 标准 Uniclass。英国行业专家分别基于 Revit 平台和 Bentley 平台，结合实际工程建设项目进行研究实践，比较分析各种情况下 BIM 的实施应用效果，于 2010 年和 2011 年先后编制并发布 BIM 实施标准。2012 年 7 月，日本建筑学会发布了 BIM 指南，为设计院和施工企业提供了团队建设、数据处理、设计流程、预算和模拟等方面的指导。2011 年，新加坡建筑管理署发布了 BIM 发展路线规划，并在 2012 年发布了 BIM 指南，要求所有政府施工项目都必须使用 BIM 模型，推动建筑业在 2015 年之前广泛使用 BIM 技术。

1.2.2 BIM 系统软件发展

BIM 技术的核心理念是将建筑所有信息进行整合并进行调用。它不是指特定的一种或一类软件，而是一种"建筑信息数据库"的概念。BIM 系列的软件从逻辑上可以分为四个层次：模型创建工具、模型辅助工具、模型管理工具及企业级管理系统，常见的 BIM 工具如图 1-4 所示。

① 模型创建工具：模型创建工具是 BIM 技术的基础，它可以让建筑师和工程师在数字环境中创建三维模型。除了常见的 Autodesk Revit 系列和 Bentley Open Design 系列 BIM 软件外，还有许多其他的基础建模工具可供选择。在 BIM 工作过程中，专业建筑师还需要使用各种辅助工具来进行专项建模，比如对钢结构、幕墙等进行建模。

② 模型辅助工具：它可以通过 BIM 模型实现 VR 展示、结构分析计算、算量提取功能和应用拓展。除了模型展示工具外，还有一些其他的常见软件工具，如 Fuzor、Lumion、Twinmotion、Enscape 等。这些软件工具可以帮助用户更好地展示和使用 BIM 模型，提高工作效率和工作质量。在 BIM 软件体系中，还有一些其他的应用和功能拓展，如 3D 打印、实时协作、虚拟现实等。这些工具可以帮助用户更好地使用和优化 BIM 模型，提供更多的便利和支持。

③ 模型管理工具：是指用于支持和管理 BIM 工作流程的软件工具，包括 BIM 协作管理工具、BIM 资源管理工具以及 BIM 模型整合工具。这些工具在 BIM 建模和管理过程中发挥着至关重要的作用。BIM 资源库是基础建模的基础库。在 BIM 资源库中，常用的机械设备、门、梁、管件等基础图元可以得到管理，作为 BIM 模型资源的一部分。BIM 模型整合工具是一种基本的 BIM 管理应用工具，其主要职责是整合各专业的 BIM 模型成果，需要具备较

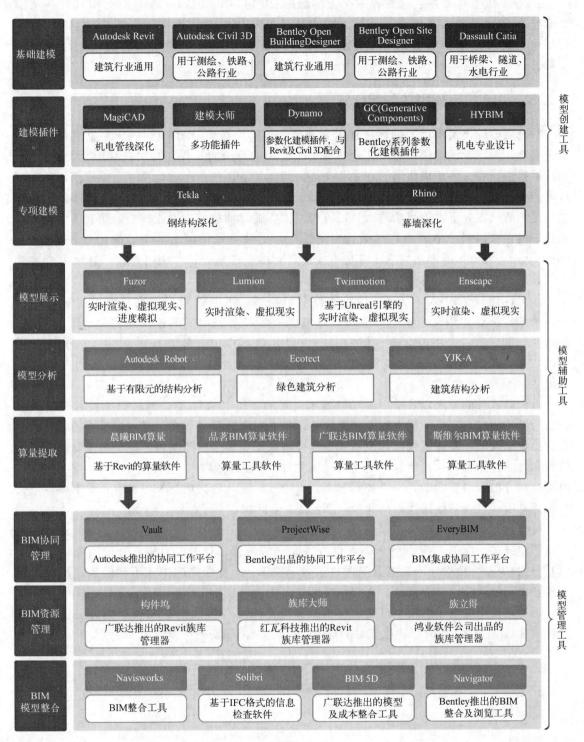

图 1-4

强的模型及信息的兼容性。同时，BIM 协作管理是一种基于 BIM 系统工作的软件，用于管理各参与 BIM 工作的人员的模型权限、模型的修改版本等模型文件信息，以确保在 BIM 工作过程中项目各参与人员的信息对称。

④ 企业级管理系统：通常针对企业层级的 BIM 应用。例如，施工企业 BIM 管理系统通常整合 BIM 的施工进度模拟、施工成本、施工安全与质量等系列的功能。这些工具的使用可以大大提高 BIM 建模和管理的效率及质量，为 BIM 工作带来更加便捷和可靠的支持。

1.2.3 BIM 机电模型的创建步骤

一个完整的建筑模型的创建往往需要建筑、结构、机电（MEP）三个专业的人员相互配合实现。不同专业的模型可以通过三种工作模式进行协同工作，其中包括中心文件协同、文件链接协同和文件集成协同。在中心文件协同方式下，各参与人员独立完成建模任务并将成果同步至中心文件，但需要较高的服务器配置要求，一般仅在同专业的团队内部采用；在文件链接协同方式下，项目参与人员可以根据需要随时加载其他专业模型，尤其适用于大型项目，但存在数据分散和协作时效性差的缺点；文件集成协同方式下，采用 Navisworks、Bentley、Navigator 等专用集成工具将不同模型文件进行整合，占用内存较小且模型合成效率高，但只能对模型进行整合和检查，不能对模型进行修改。

如果说建筑结构模型为项目打造各种空间，那么机电管线设备则确保了建筑物的使用功能和舒适性。因此，机电专业在建筑工程中起着至关重要的作用，它涵盖了给排水、暖通空调和电气三个主要分支领域。本书主要介绍了机电管线系统的创建、机械设备模型的创建以及模型的管理导出等。机电模型的具体创建步骤以及与书中项目的对应关系如图 1-5 所示。

首先对软件的界面以及常用的功能做了简要的介绍（项目 2），然后以软件自带的机械样板为基础创建自定义的机电专业项目样板。机电专业项目样板文件是一个重要的工具，它包含给排水视图、暖通风视图、照明视图、插座视图等多个视图。每个视图都需要相应的构件族和过滤器设置，这些信息都在项目样板文件中预先设定好，这样便于后面的机电建模。由于这部分内容对于初学者来说理解起来较为晦涩，因此放到项目 8 中讲解，本书以自定义样板为基础，直接开始讲述如何建模（项目 3～项目 5）。

接着，开始创建机电模型（项目 3～项目 5），对于每个专业来说，过程基本一致：在每个视图中链接相应的二维图纸→插入设备（如卫浴装置、灯具、风机）→按系统绘制管线（如管道、风管、桥架）→放置管道附件。对于在 Revit 自带族库中找不到的族，可以自行创建，由于创建步骤较为烦琐，专门在项目 9 讲述。

最后，需要对创建的模型进行碰撞检查和优化模型（项目 6），对模型的有关信息进行统计（项目 7）以及将模型转化成 CAD 图纸导出（项目 8）。

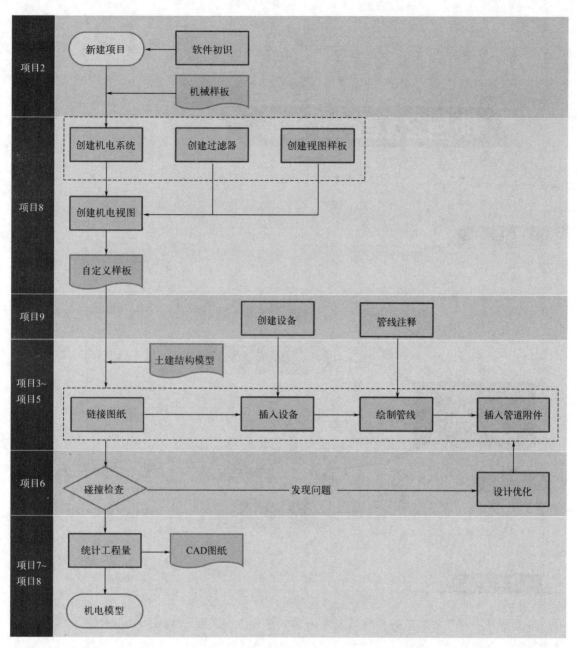

图 1-5

项目2 绘制准备

思维导图

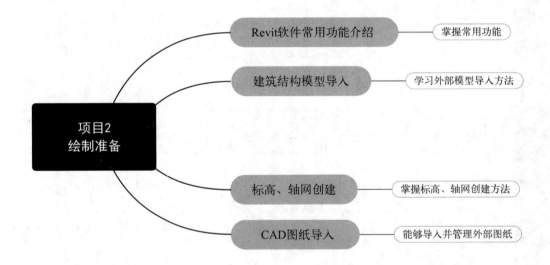

教学目标

通过学习本项目绘制准备模块的基本知识,掌握 Revit 软件常用功能的使用;掌握建筑结构模型导入的方法;掌握标高轴网的创建以及 CAD 图纸导入的方法,达到模型绘制前准备的能力。

教学要求

能力目标	知识目标	权重
掌握 Revit 软件常用功能的使用	熟悉常用功能的使用	50%
掌握建筑结构模型导入的方法	了解模型导入及管理	20%
掌握标高、轴网创建以及 CAD 图纸导入的基本方法	熟悉标高、轴网创建和 CAD 图纸导入的流程	30%

任务 2.1 Revit 软件常用功能介绍

2.1.1 Revit 软件简介

2-1 Revit 软件简介

首先，了解如何使用和定义用户界面，以提高工作效率并简化工作流程。

（1）用户界面的组成（图 2-1）

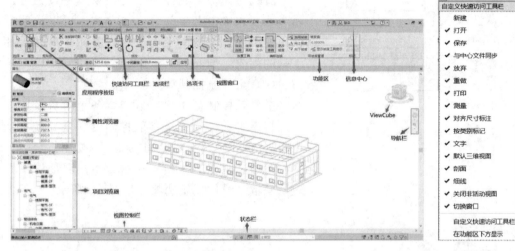

图 2-1 　　　　　　　　　　　　　　　　图 2-2

（2）快速访问工具栏

① 单击快速访问工具栏右侧的下拉按钮 ▼ ，将弹出下拉列表，可以控制快速访问工具栏中按钮的显示与否，如图 2-2 所示。

② 在功能区的按钮上单击鼠标右键，在弹出的快捷菜单中选择"添加到快速访问工具栏"命令，如图 2-3 所示，功能将会被添加到快速访问工具栏中默认命令的右侧，如图 2-4 所示，以风管为例。

图 2-3

图 2-4

项目 2　绘制准备　11

(3) 功能区三种类型的按钮

① 普通按钮：如按钮 ![风管]，单击直接可调用工具。

② 下拉按钮：如按钮 ![机械]，单击小箭头用于显示附加的相关工具。

③ 分割按钮：调用常用的工具 ![设备]，或显示包含附加相关工具的菜单。

【注】 如果看到按钮上有一条线将按钮分割为两个区域，单击上半部分（或左侧）可以访问通常使用的工具，单击下半部分（或右侧）可显示相关工具的列表，如图 2-5 所示。

(4) 全导航控制盘

全导航控制盘用户可以查看各个对象及围绕模型进行漫游和导航。全导航控制盘和全导航控制盘（小）经优化适合有经验的三维用户使用。

单击"视图"选项→点击"用户界面"下拉列表→勾选"导航栏"选项，如图 2-6 所示。

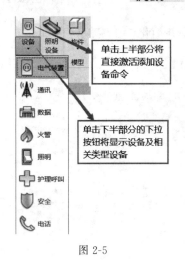

图 2-5

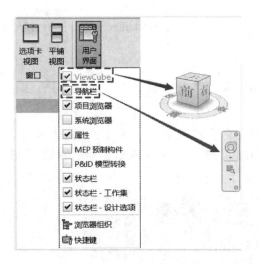

提示：在三维视图中
① 平移：按住鼠标滚轮
② 放大和缩小：滚动鼠标滚轮
③ 动态观察：Shift键+鼠标滚轮
④ 全屏显示：双击鼠标滚轮

图 2-6

2.1.2 Revit 常用功能介绍

(1) 线型粗细显示模式的设置

Revit 软件在进行管线的绘制时，为便于查看和使用，往往需要设置显示线型的粗细模式。在绘图过程中一般选择细线模式，如图 2-7 所示，单击快速访问工具栏里的 ![图标] 或者输入快捷键 TL，即可调整视图里粗细显示模式。选中和不选中 ![图标] 视图的区别如图 2-8 所示。

2-2 窗口管理工具和图元的编辑

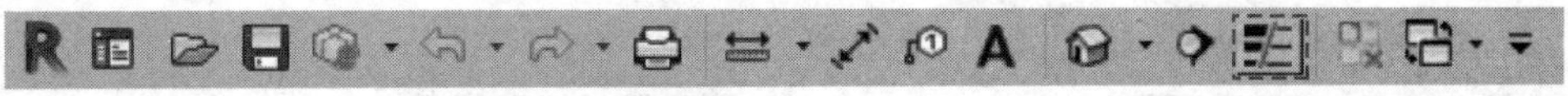

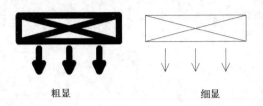

图 2-7

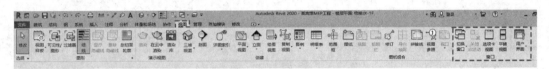

图 2-8

（2）窗口管理工具（此窗口在"视图"选项卡里可见）

窗口管理工具包含切换窗口、关闭非活动、选项卡视图、平铺视图和用户界面，如图 2-9 所示。

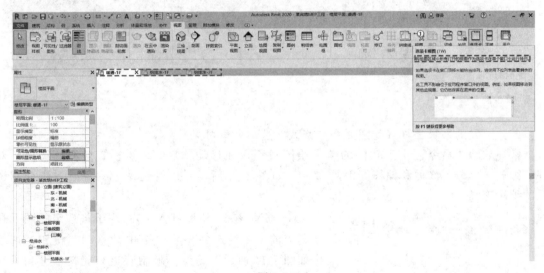

图 2-9

① 切换窗口：绘图时打开多个窗口，通过"窗口"面板下"切换窗口"选项选择绘图所需窗口（也可按 Ctrl＋Tab 组合键进行切换）。

② 关闭非活动：除当前活动的视图外，其他打开的窗口将会被关闭。

③ 选项卡视图：将绘图区域中所有打开的视图作为选项卡，在单个窗口中进行排列，如图 2-10 所示。

图 2-10

④ 平铺视图（快捷键 WT）：在应用程序窗口中平铺所有打开的视图，以便在绘图区域看到每个视图，如图 2-11 所示。

⑤ 用户界面：此下拉列表控制 ViewCube、导航栏、项目浏览器、系统浏览器、属性、状态各按钮的显示与否。在浏览器组织中控制浏览器中的组织分类和显示种类，如图 2-12 所示。

项目 2　绘制准备　13

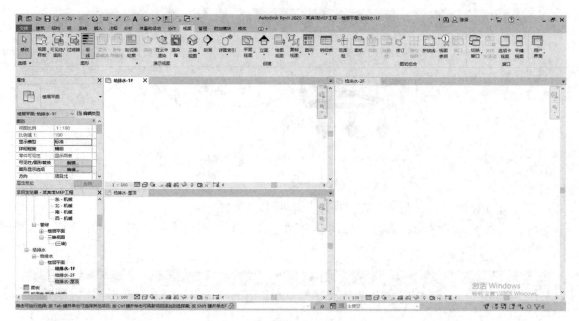

图 2-11

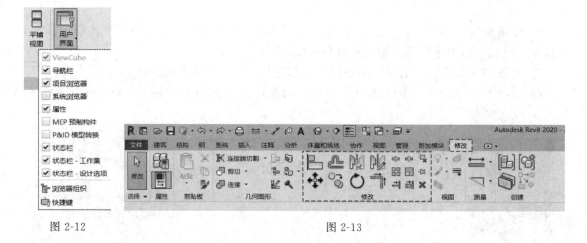

图 2-12　　　　　　　　　　　图 2-13

(3) 图元的编辑工具(此图元在"修改"选项卡里可见)

常规的编辑命令适用于软件的整个绘图过程,如移动、复制、旋转、阵列、镜像、对齐、缩放、拆分、修剪和偏移等编辑命令,如图 2-13 所示。以管道图元为例,详细介绍图元的编辑工具。

图 2-14

① 移动 (快捷键 MV):用于将选定的图元移动到当前视图指定的位置。单击"移动"按钮,选项栏如图 2-14 所示。约束:限制管道只能在水平和垂直方向移动。分开:选择分开,管道与其相关的构件不同时移动。

② 复制 (快捷键 CC 或 CO):用于复制选定的图元并将它们放置在当前视图指定的位置,拾取复制的参考点和目标点,可复制多个管道到新的位置(勾选多个)。注意复制一个新的管道副本时,原管道仍保留在原位置。

③ 旋转 ⟳（快捷键 RO）：拖曳"中心点"可改变旋转的中心位置；鼠标拾取旋转参照位置和目标位置，旋转管道；也可以在选项栏设置旋转角度值后按回车键旋转管道。

④ 镜像（快捷键 MM 或 DM）：在"修改"面板下的"镜像"可选择"镜像-拾取轴"（快捷键 MM）或"镜像-绘制轴"（快捷键 DM）镜像图元。

⑤ 阵列（快捷键：AR）：选择图元，单击"阵列"工具，在选项栏中进行相应设置，勾选"成组并关联"复选框，输入阵列的数量，例如"5"，选择"移动到"选项中的"第二个"，在视图中拾取参考点和目标点位置，两者间距将作为第一个管道和第二个或最后一个管道的间距值，自动阵列管道，如图 2-15 所示。

图 2-15

⑥ 修剪/延伸为角（快捷键 TR）：修剪/延伸工具的共同点都是以视图中现有的图元对象为参照，以两图元对象间的交点为切割点或延伸终点，对与其相交或呈一定角度的对象进行去除或延长操作。以管道为例，如图 2-16 所示。

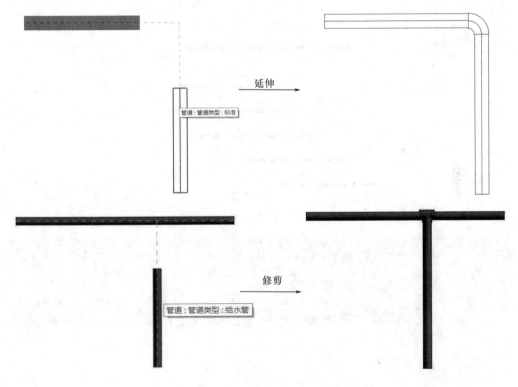

图 2-16

【说明】 线性阵列：选择管道→在"修改/管道"选项卡中单击"阵列"→勾选"成组并关联"复选→输入阵列的数量，例如"5"→在绘图区域选择所需阵列位置，单击鼠标右键→选择阵列方向，如图 2-17 所示。

【注】 在"线性阵列"中，移动到 第二个 最后一个 两个选项的区别如下。

a. 选择"第二个"时，如图 2-18 所示。

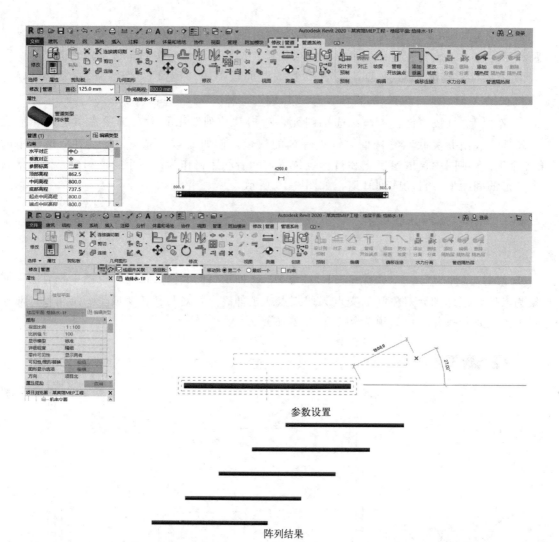

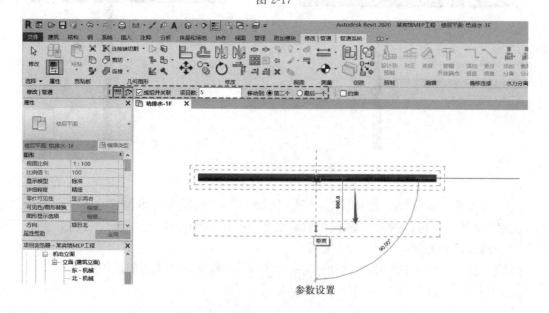

图 2-17

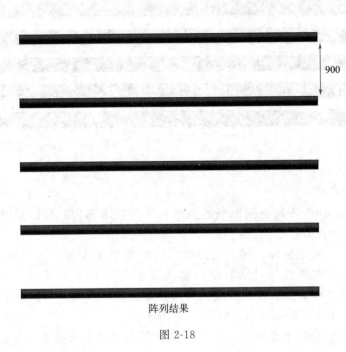

阵列结果

图 2-18

b. 选择"最后一个"时，如图 2-19 所示。

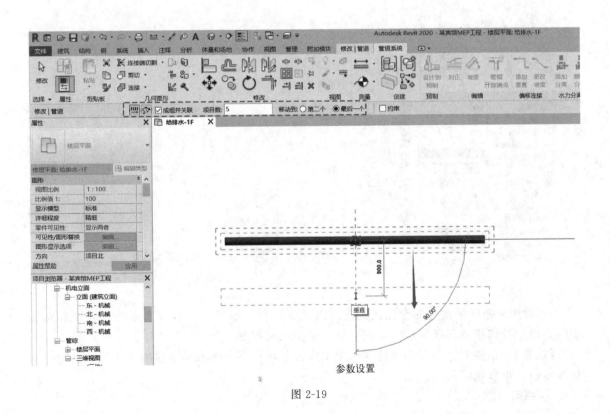

参数设置

图 2-19

项目 2 绘制准备

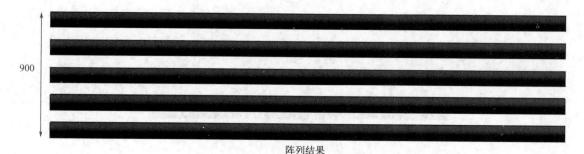

图 2-19 阵列结果

（4）视图详细程度

在建筑设计中，由于不同比例图纸的视图表达的要求不同，所以需要对视图的详细程度进行设置。设置方法如下。

① 在楼层平面中单击鼠标右键，在弹出的快捷菜单中选择"视图属性"命令，在弹出的"实例属性"对话框中的"详细程度"下拉列表中可选择"粗略""中等"或"精细"的详细程度。通过预定义详细程度，可以影响不同视图比例下同一几何图形的显示，如图 2-20 所示。

2-3 视图显示设置

② 直接在视图平面处于激活的状态下，在视图控制栏中直接调整详细程度，此方法适用于所有类型的视图，如图 2-21 所示。

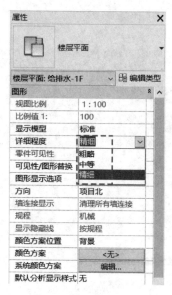

图 2-20

图 2-21

③ 各构件随详细程度的变化而变化。以风管为例，当以粗略程度显示时，它会显示为单线；以中等和精细程度显示时，它会显示更多几何图形。

【注意】 在粗略情况下，风管默认为单线段显示；在中等和精细情况下，风管认为是双线显示。以矩形风管为例。

① 粗略（图 2-22）。

② 中等（图 2-23）。

(a) 平视图 　　　　　　　　　　　(b) 三维图

图 2-22

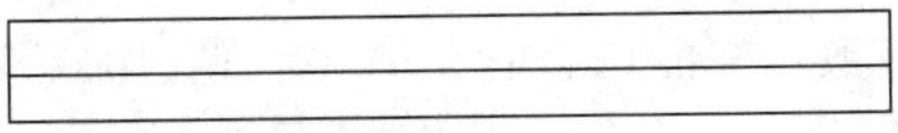

(a) 平视图 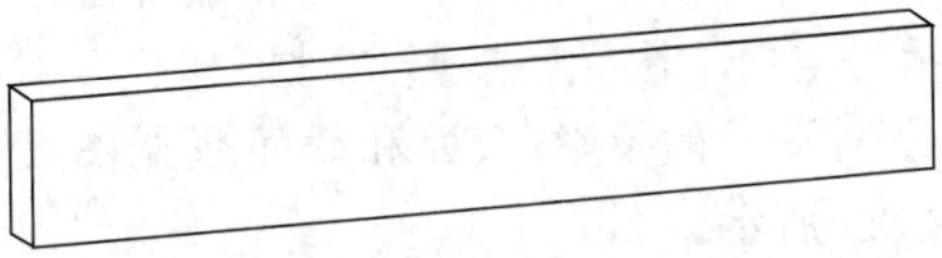　　　　　　　　　　　(b) 三维图

图 2-23

③ 精细（图 2-24）。

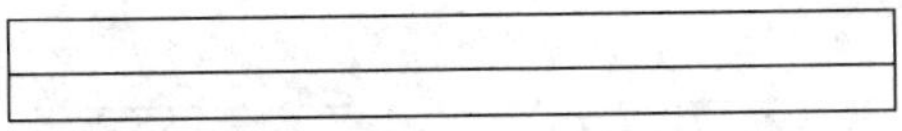

(a) 平视图 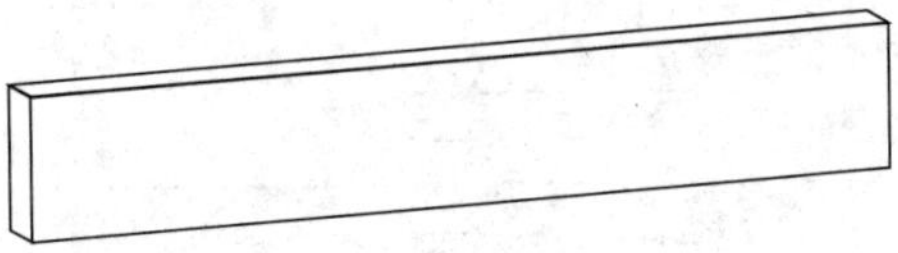　　　　　　　　　　　(b) 三维图

图 2-24

（5）可见性图形替换

在建筑设计的图纸表达中，常常要控制不同对象的视图显示与可见性，用户可以通过"可见性/图形替换"的设置来实现上述要求。

① 打开楼层平面的"属性"对话框，单击"可见性/图形替换"右侧的"编辑"按钮。或者输入快捷键 VV，打开"可见性/图形替换"对话框，如图 2-25 所示。

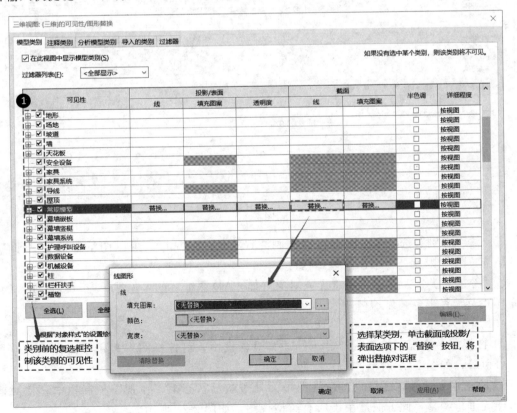

图 2-25

② 在可见性中的构件前打钩则为可见状态；反之，取消勾选为隐藏不可见状态，如图 2-25 中❶所示。

③ 在"可见性/图形替换"对话框中，可以查看已应用于某个类别的替换。如果已经替换了某个类别的图形显示，单元格会显示图形预览。如果没有对任何类别进行替换，单元格会显示为空白，图元则按照"对象样式"对话框中指定的显示。

④ 对图元的投影/表面和截面填充图案进行替换，并能调整它是否半色调、是否透明，如图 2-26 所示。

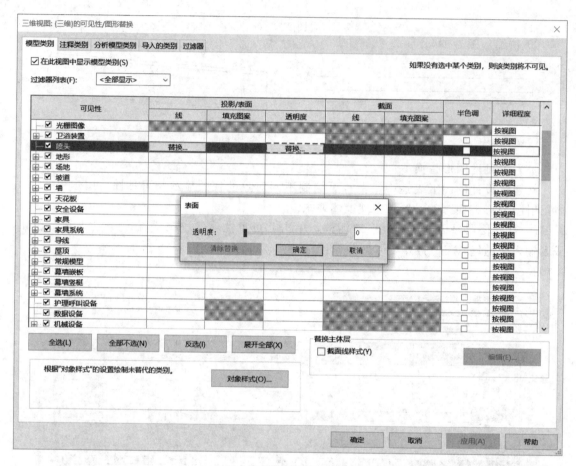

图 2-26

⑤ "注释类别"选项卡中同样可以控制注释构件的可见性，可以调整"投影/表面"的线及填充样式，以及是否半色调显示构件。

⑥ "导入的类别"设置。控制导入对象（如 CAD 图纸）的可见性、"投影/截面"的线、填充样式及是否半色调显示构件。

（6）图形显示选项

① 在楼层平面视图的"图形显示选项"对话框中，可选择图形显示中的样式，包括线框、着色等，如图 2-27 所示。

② 除上述方法外，还可直接在视图平面处于激活状态下，在视图控制栏中直接对模型图形样式进行调整，此方法适用于所有类型视图，如图 2-28 所示。

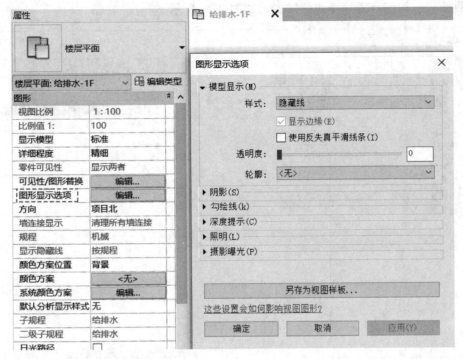

图 2-27

图 2-28　　　　　　　　　　　　　　图 2-29

(7) 隐藏线设置（以风管为例）

勾选"视觉样式"中的"隐藏线"，如图 2-29 所示。

【说明】　"隐藏线"的参数意义如下。

① 绘制 MEP 隐藏线：是将按照"隐藏线"选项所指定的线样式和间隙来绘制管道，如图 2-30 所示为不勾选的效果，如图 2-31 所示为勾选的效果。

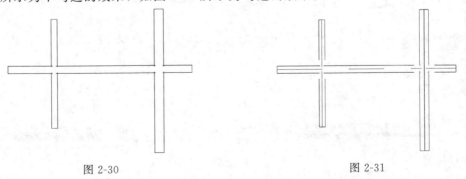

图 2-30　　　　　　　　　　　　　　图 2-31

项目 2　绘制准备　21

② 线样式：根据所需选择线的样式，如图 2-32 所示。

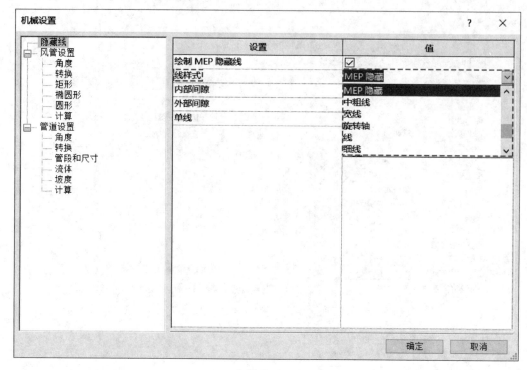

图 2-32

(8) "范围"相关设置

在楼层平面的"属性"对话框的"范围"选项组中可对裁剪进行相应设置，如图 2-33 所示；也可以在视图控制栏中对裁剪视图进行相应设置，如图 2-34 所示。

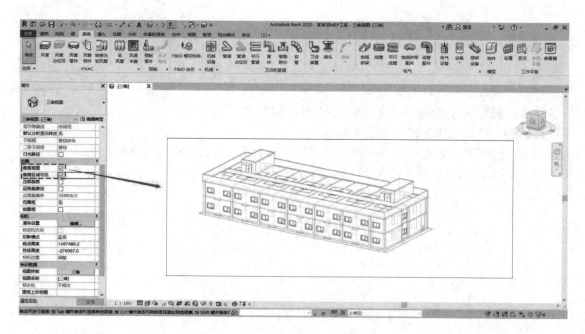

图 2-33

图 2-34

【注意】 只有将裁剪视图在平面视图中打开,裁剪区域才会起效,如需调整,在视图控制栏同样可以控制裁剪区域的可见及裁剪视图的开启及关闭。当裁剪视图开启时,如图 2-35 所示;当裁剪视图关闭时,如图 2-36 所示。

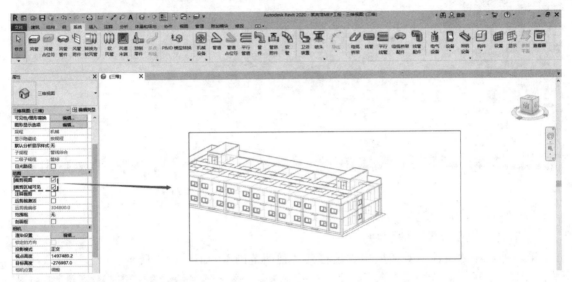

图 2-35

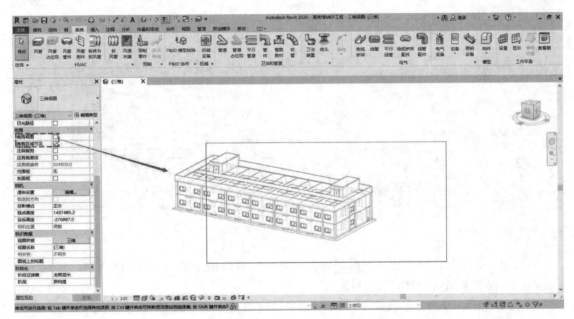

图 2-36

裁剪视图:选择该复选框即裁剪框有效,剪切框范围内的模型构件可见,裁剪框外的模型构件不可见,取消选择该复选框则无论裁剪框是否可见均不裁剪任何构件。当勾选"裁剪视图",不勾选"裁剪区域可见"时,如图 2-37 所示。

项目 2 绘制准备

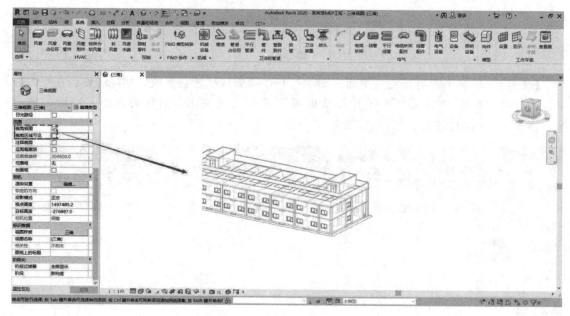

图 2-37

(9)"视图范围"设置

① 打开"视图范围"的两种方法。

第一种：在"属性"对话框中直接打开"视图范围"，如图 2-38 所示。

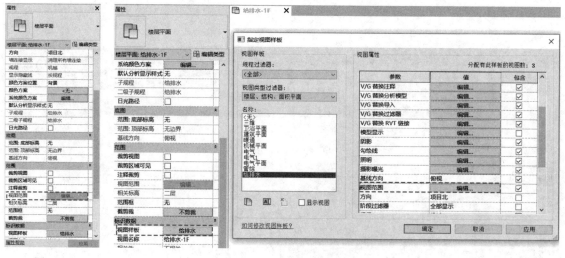

图 2-38　　　　　　　　　　　图 2-39

第二种：如果灰显，无法选择时，可在"属性"对话框中找到"视图样板"，再点击所需楼层的"视图范围"，如图 2-39 所示。

② 视图范围：顶剪裁平面和底剪裁平面表示视图范围的最顶部及最底部的部分。剖切面是一个平面，用于确定特定图元在视图中显示为剖面时的高度。以一个立面图为例，如图 2-40 所示。

【提示】 必须满足图 2-40 中❶＞❷＞❸≥❹，这样才能实现视图范围的设置，否则会出现错误的警告。

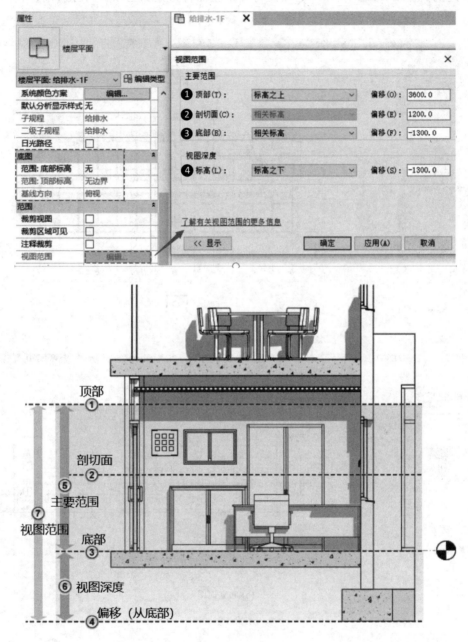

图 2-40

(10) 立面图的生成

默认情况下,立面有东、南、西、北 4 个,可以使用"立面"命令创建另外的内部和外部立面视图,如图 2-41 所示。依次双击"立面(建筑立面)"→"北"即生成"北立面"视图。

【提示】

① 4 个立面符号不可随意删除,删除符号的同时会将相应的立面一同删除。

② 4 个立面符号围合的区域即为绘图区域，不要超出绘图区域创建模型，否则立面显示将可能是剖面显示。因此在作图之前需将 4 个立面符号拖曳至相应的合适位置。

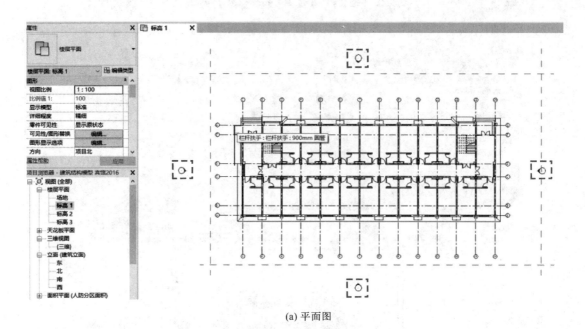

(a) 平面图

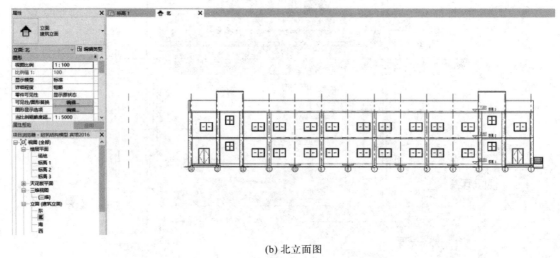

(b) 北立面图

图 2-41

任务 2.2　建筑结构模型导入

2.2.1　新建项目

单击"文件"选项卡 文件 →点击"新建"→选中"项目"→在"浏览(B)…"中选择所需样板→单击"确定"，如图 2-42 所示。

2-4　新建项目

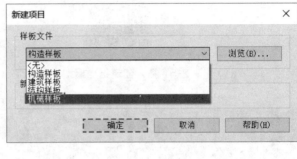

图 2-42

在进入绘图界面后,单击左上角的"保存"按钮，保存项目;或按 Ctrl+S 组合键保存项目,如图 2-43 所示。

将文件名命名为所需内容,如"某宾馆 MEP 工程",保存在自定义的文件夹中,如图 2-44 所示。

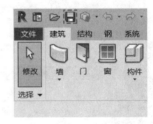

图 2-43

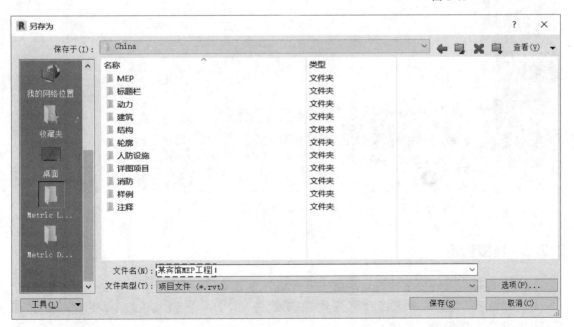

图 2-44

项目 2 绘制准备　27

2.2.2 建筑结构模型链接

单击"插入"选项→选择"链接 Revit"→选择"建筑结构模型"链接→在"定位"下拉列表中选择"自动-原点到原点"→单击右下角"打开"按钮，模型即链接到项目文件中，如图 2-45 所示。

2-5 插入建筑结构模型

2-6 项目测量点和基点

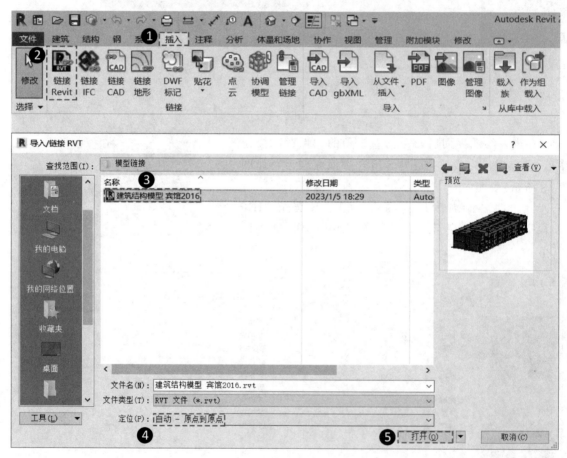

图 2-45

2.2.3 链接管理

链接管理是指对链接文件的显示模式进行相关的定义。

单击"视图"选项→选择"可见性/图形"→在"Revit 链接"中的模型链接前打"√"，选中按主体设置，如图 2-46 所示。

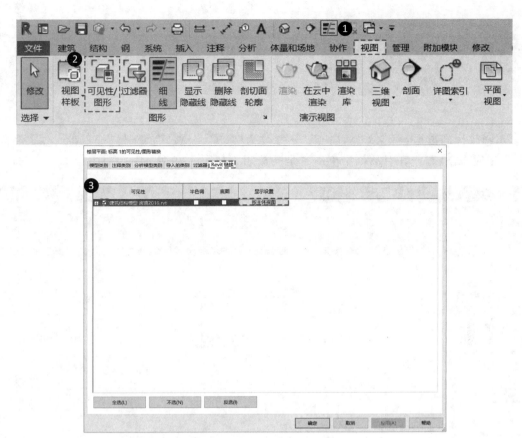

图 2-46

任务 2.3 标高、轴网创建

2.3.1 标高创建

① 在"项目浏览器"中双击立面→双击任意一个立面,如"南"立面,进入南立面视图,如图 2-47 所示。

② 单击"建筑"选项→点击"标高",如图 2-48 所示。

2-7 标高创建

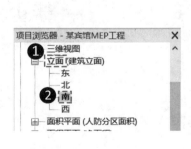

图 2-47

图 2-48

③ 修改标高数据：双击"标高1"→修改为"F1"→按"回车键"→弹出"是否希望重命名相应视图？"→在对话框中单击"是"按钮，如图 2-49 所示。

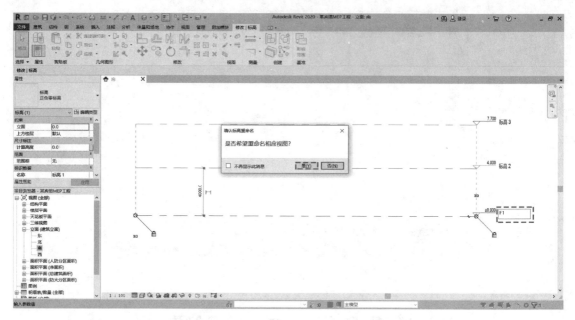

图 2-49

④ 同理依次修改"标高2"和"标高3"为"F2"和"F3"，如图 2-50 所示。

⑤ 单击"视图"选项→点击"平面视图"→选中"楼层平面"→在弹出来的"新建楼层平面"中选中所需楼层→单击"确定"，如图 2-51 所示。

【注意】 当两标高之间的距离太小时，如图 2-52 所示，可更改箭头的方向。

单击需要修改箭头的标高→在"属性"面板中选择所需箭头→下标头，如图 2-53 所示；正负零标高，如图 2-54 所示。

2.3.2 轴网创建

在 Revit 中，轴网的创建有两种方法：一是根据图纸手动来绘制轴网；二是根据导入 CAD 图纸进行自动生成轴网。

（1）方法一

① 在"项目浏览器"中的"楼层平面中打开"F1"视图→单击"建筑"选项卡→点击"轴网"，如图 2-55 所示。

图 2-50

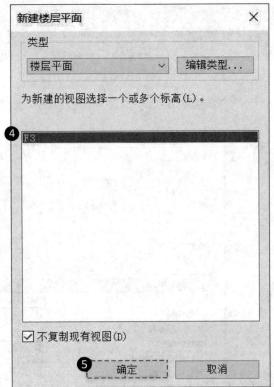

图 2-51

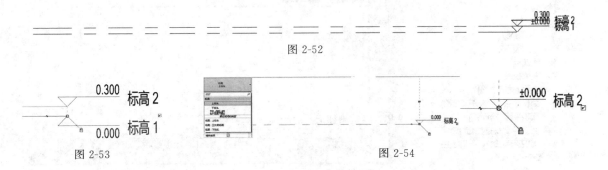

图 2-52

图 2-53   图 2-54

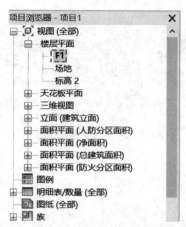

图 2-55

② 在"属性"面板中打开"编辑类型"→修改"轴线是否连续""端点是否显示名称",如图 2-56 所示。

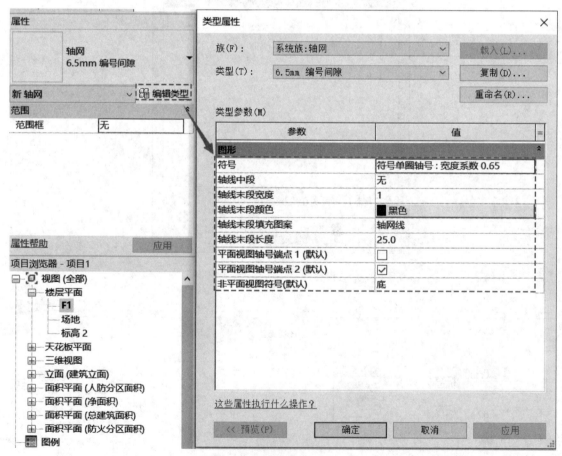

图 2-56

③ 在绘图区域内，根据所需图纸来绘制所需轴网，绘制完成后，根据所需图纸的编号来修改所需编号。

【注意】 当选中某一根轴线后，会出现一个"锁"的标记，代表拖动圆圈时，与虚线相交的轴线端点一起拖动，如图 2-57 所示；如果单击"锁"符号，"锁"会呈打开状态，拖动时只拖动当前轴线的端点，如图 2-58 所示。

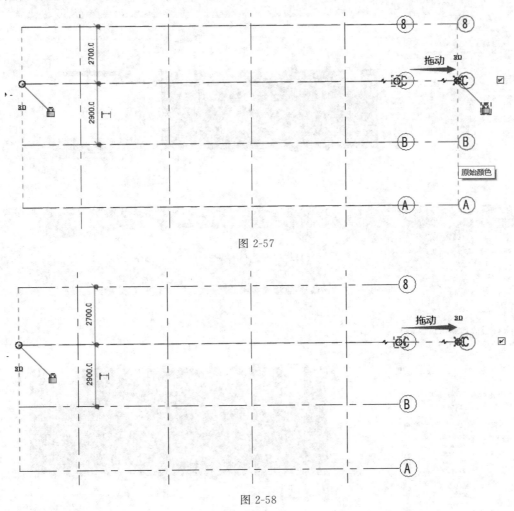

图 2-57

图 2-58

（2）方法二

① 导入相应的链接后，单击"协作"选项→选择"复制/监视"选项下的"选择链接"，如图 2-59 所示。

图 2-59

② 选择"复制"→勾选"多个"→框选模型→点击"过滤器",过滤出轴网→单击"确定"→单击"完成",如图 2-60 所示。

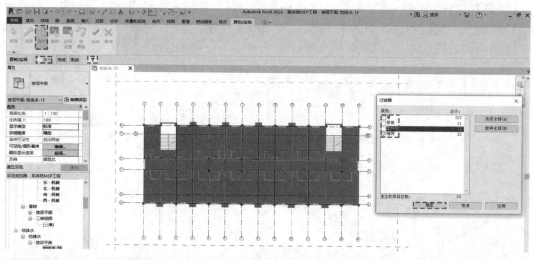

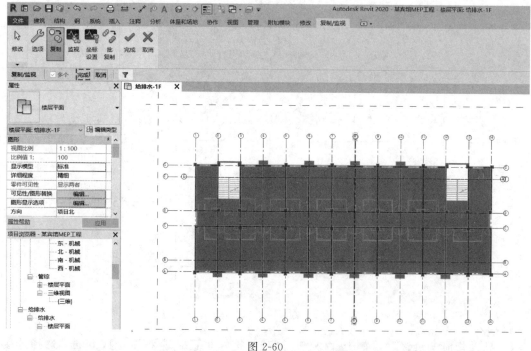

图 2-60

③ 选择"复制/监视"选项卡→单击"完成",如图 2-61 所示。

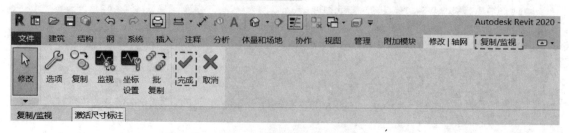

图 2-61

任务 2.4　CAD 图纸导入

2.4.1　建筑给排水图纸导入

单击"插入"选项→选择"导入 CAD"→选择"给排水"图纸→勾选"仅当前视图"→导入单位选择"毫米"→定位选择"自动-原点到原点"→放置于所需楼层→单击"打开",如图 2-62 所示。

2-8　图纸处理　　　　2-9　导入 CAD 图纸

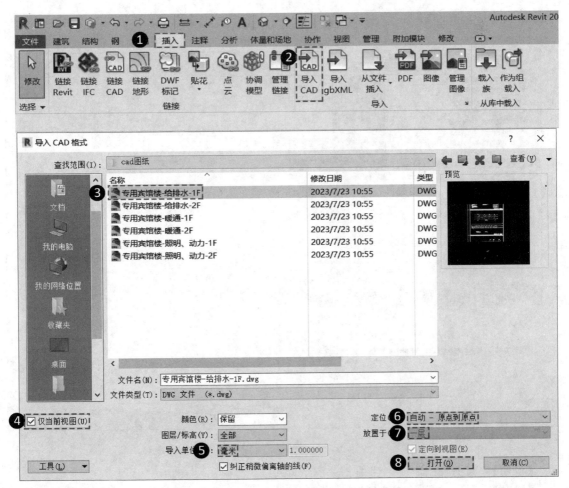

图 2-62

【提示】　如果不勾选"仅当前视图",图纸会在所有平面图和三维视图中创建。

2.4.2 暖通电气图纸导入

其导入步骤与 2.3.1 小节中给排水图纸的方法一致，只需在选择图纸时更换需要的图纸即可。

2.4.3 CAD 图纸管理

在建模过程中会将 CAD 图纸导入 Revit 中，通常结构图和建筑图在同一面视图里，这就容易导致模型辨识不清等问题，因此对 CAD 图纸进行管理是很有必要的。

① 如果该图纸不再使用，可以使用"Delete"键直接删除即可。

② 通常选择保留图纸，为了以后方便进行检查、审图、查找绘制错误等。但是在绘制时，同一个平面视图可能包含多个 CAD 图纸参照，那么如何将图纸保留并选择性隐藏或者打开呢？以给排水-1F 视图为例，方法如下。

快捷键 VV→选择"导入的类别"，可以看见导入的 CAD 图纸→勾选不需要在平面视图中显示的图纸的复选框→单击"确定"，如图 2-63 所示。

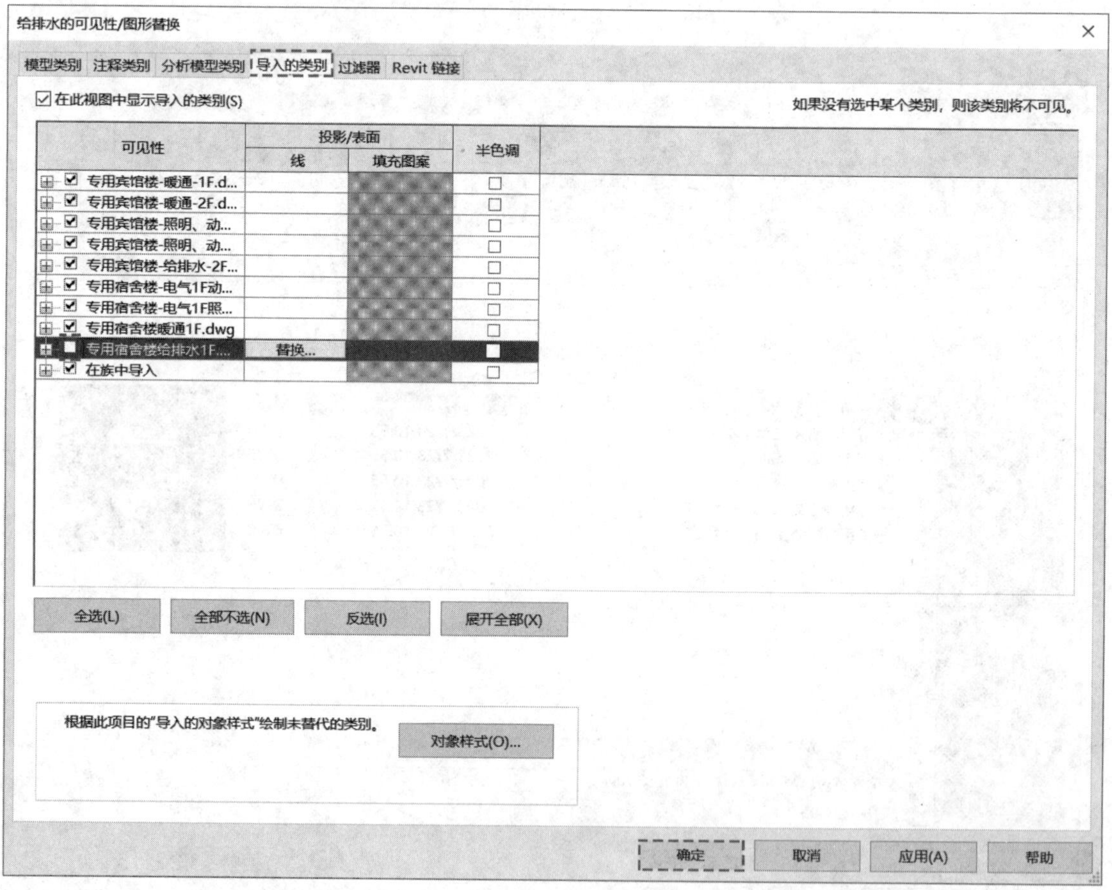

图 2-63

【说明】 根据视图需要，保留相关图纸即可。

【注意】 利用"导入的类别"去管理 CAD 图纸，可以避免频繁地使用隐藏图元来使 CAD 图纸暂时消失，对创建视图样板比较方便，缓解因计算机配置不足拖动画面造成卡顿的问题。

项目3 建筑给排水系统模型绘制

思维导图

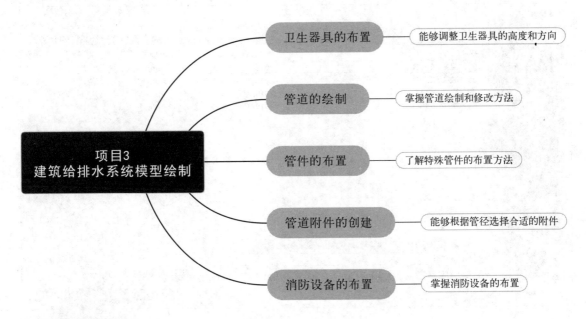

教学目标

通过学习本项目建筑给排水系统模型绘制模块的基本知识，掌握管道系统的创建及编制方法、管道系统参数设置的方法；掌握管道系统配置与连接方式的选择；掌握机械设备、软管、管道管件及管道附件的添加方法，达到创建给排水系统模型的目的。

教学要求

能力目标	知识目标	权重
掌握管道系统的创建及编辑方法	了解管道系统的基本类型	20%
掌握管道系统参数设置的方法	了解管道系统参数设置的基本内容	30%
掌握管道、机械设备、软管、管道管件及管道附件绘制与修改的基本方法	熟悉管道、机械设备、软管、管道管件与管道附件的特性	50%

任务 3.1 卫生器具的布置

3.1.1 卫生器具的载入

3-1 卫生器具绘制

（1）载入族（以洗脸盆为例）

打开"给排水-1F"视图→单击"插入"选项→选中"插入族"命令→弹出"载入族"对话框，选中"MEP"→选中"卫生器具"→选中"洗脸盆"目录下的"洗脸盆-壁挂式"RFA族文件→单击"打开"对话框，如图3-1所示。

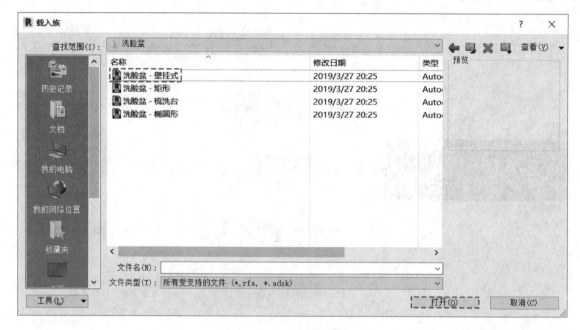

图 3-1

【提示】 单击"打开"后不会出现其他反应，如需放置卫生器具，参考3.1.2小节。

（2）修改相应属性

单击"系统"选项→选中"卫浴装置"→在"属性"面板中选择所需"洗脸盆-壁挂式"的规格→在"标高中的高程"栏中输入所需数值→单击"编辑类型"→弹出"类型属性"对话框→修改所需的管径→单击"确定"，如图3-2所示。

3.1.2 卫生器具的放置

在"修改|放置 卫浴装置"中选择"放置在垂直面上"选项→配合运用"对齐"命令，放置所需个数，放置后的三维视图，如图3-3所示。

图 3-2

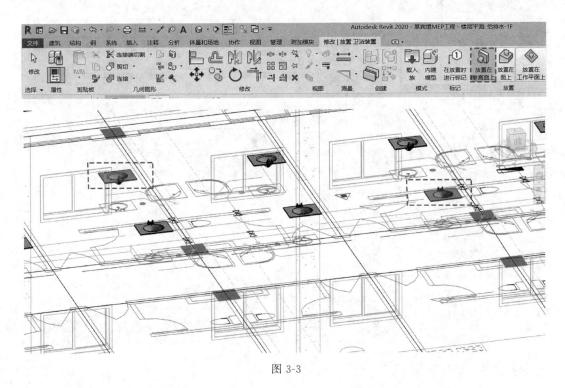

图 3-3

任务 3.2 管道的绘制

3.2.1 属性设置

管道类型的设置：点击"系统"选项卡→找到"卫浴和管道"→点击"管道"→在"属性"中点击"编辑类型"→点击"复制"→输入管道类型名称→点击"确定"，如图 3-4 所示。

如需要对管道系统的材质和管件进行修改，可进行如下操作。

点击"布管系统配置"中的"编辑"→弹出布管系统配置对话框→载入族并修改所需管件类型，如图 3-5 所示。

3-2 属性设置、尺寸设置、管道绘制

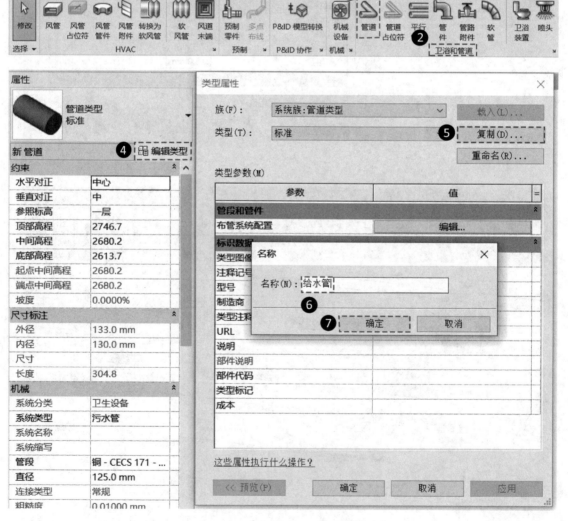

图 3-4

图 3-5

3.2.2 尺寸设置

（1）管道尺寸界面

在绘制管道过程中如果需要对管道尺寸进行设置时，可通过"机械设置"中的"尺寸"选项设置当前项目文件中的管道尺寸信息。打开"机械设置"对话框的方法有三种。

① 选择"管理"选项卡→选中"MEP 设置"→选择"机械设置"，如图 3-6 所示。

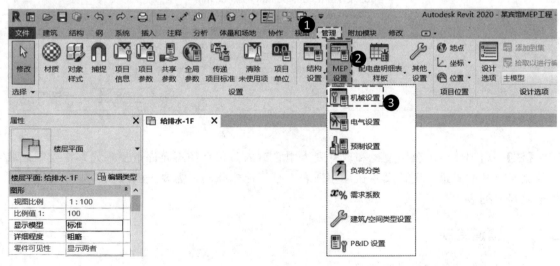

图 3-6

项目 3　建筑给排水系统模型绘制　　41

② 选择"系统"选项卡→选择"机械"下拉箭头，如图3-7所示。

图 3-7

③ 输入快捷键 MS。

（2）管道尺寸添加/修改

进入"机械设置"→选择"管段和尺寸"→选择管段（尺寸与管段材质相关）对于我们不需要的管段公称尺寸则可以进行"删除尺寸"，对于所需但没有的公称尺寸进行"新建尺寸"，如图3-8所示。

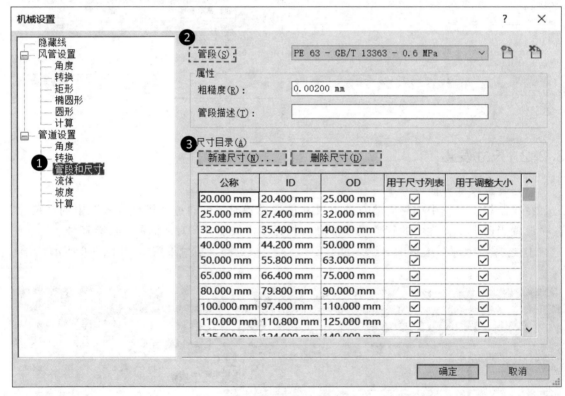

图 3-8

【注】 新建管道的公称直径和现有列表中管道的公称直径不允许重复。如果在绘制区域已绘制某尺寸的管道，则该尺寸在尺寸列表中是不能删除的，需要先删除项目中的管道，才能删除尺寸列表中的尺寸。

3.2.3 管道绘制

（1）进入管道绘制模式的方式

第一种：单击"系统"选项卡→找到"卫浴和管道"→选中"管道"，如图3-9所示。

图 3-9

第二种：选中卫浴装置→在绘图区单击鼠标右键→在弹出的快捷菜单中选择"绘制管道"，如图 3-10 所示。

图 3-10

第三种：输入快捷键 PI。

进入管道绘制模式，"修改 | 放置管道"选项卡和"修改 | 放置管道"选项栏被同时激活。

（2）手动绘制管道步骤

选择"管道类型"→选择"系统类型"→选择"管道尺寸"→选择"中间高程"，如图 3-11 所示。

① 选择"管道类型"。在"属性"对话框中选择需要绘制的管道类型。

② 修改"系统类型"：在"属性"对话框中将"系统类型"选择为所需管道类型。

【提示】 "管道类型"和"系统类型"的含义不同。

- "管道类型"主要用于设置管道的材质、管件样式。
- "系统类型"主要用于区分不同的管线系统，如给水系统、排水系统。

③ 选择"管道尺寸"。在"修改 | 放置管道"选项栏中的"直径"下拉列表中选择尺寸或直接输入所需管道尺寸。

④ 选择"中间高程"。在"修改 | 放置管道"选项栏中的"中间高程"中可下拉选择数值或直接输入数值。

【注】 中间高程是指管道基准线相对于当前参照标高的距离（如当前参照标高为"二层"），后面的管线绘制命令中的中间高程含义皆是如此。

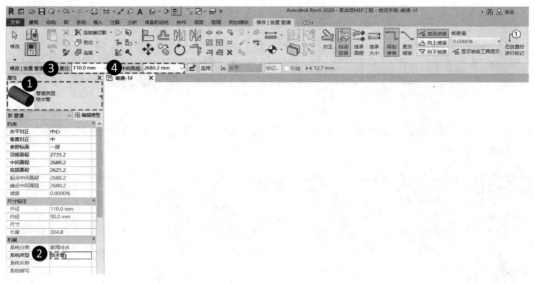

图 3-11

3.2.4 设备连管

设备的管道连接件可以连接管道和软管。连接管道和软管的方法类似，本小节以洗脸盆管道连接为例，介绍设备连管的两种方法。

第一种：单击"洗脸盆"→鼠标左键单击冷水管道→按一次 Esc 键，改相应的内容→绘制出所需管道，如图 3-12 所示。

3-3 软管绘制、设备连接

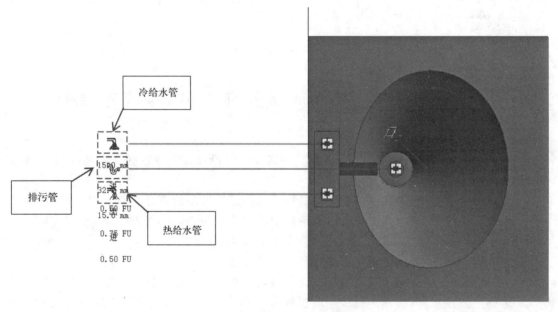

图 3-12

【注意】"按一次 Esc 键"的目的是退出当前管道的类型，随后可在"属性"中修改为所需要的管道类型。

第二种：单击"洗脸盆"→鼠标右键选中光圈❷→选择"绘制管道（P）"→按一次 Esc 键，改相应的内容→绘制出所需管道，如图 3-13 所示。

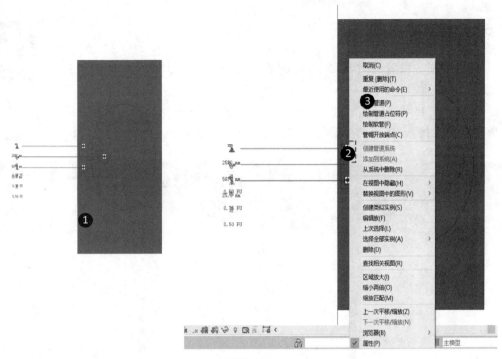

图 3-13

3.2.5 立管的绘制

与"绘制管道"方法类似,只需在最后鼠标"双击应用",如图 3-14 所示。

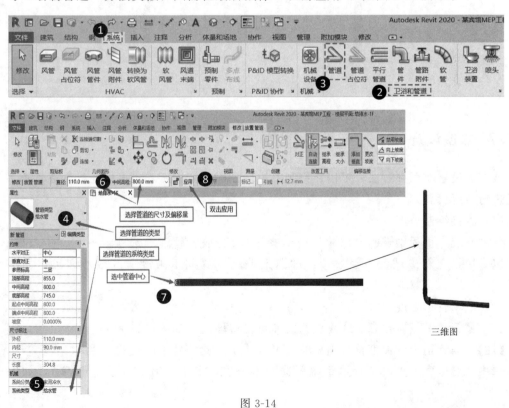

图 3-14

项目 3 建筑给排水系统模型绘制

3.2.6 自动连接

① 在绘制某一段管道时，在"修改/放置管道"选项卡中选择"自动连接"，如图 3-15 所示。

② 当选择"自动连接"时，两管道会生成四通，如图 3-16(a) 所示；若不选择"自动连接"，则不产生管件，如图 3-16(b) 所示。

3-4 立管的绘制、自动连接、坡度设置

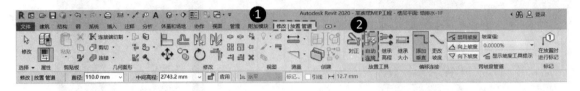

图 3-15

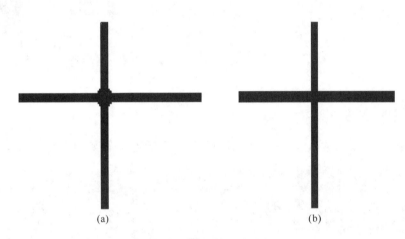

图 3-16

3.2.7 坡度设置

坡度的设置有两种方法，可以在绘制管道的同时指定坡度，也可以在绘制完管道后再对管道进行坡度设置。

（1）直接绘制坡度

在"系统"面板中选择"管道"→选择"修改/放置管道"选项卡→在"带坡度管道"中可以直接指定管道坡度→通过修改"向上坡度""向下坡度"的数值即可，如图 3-17 所示。

（2）编辑管道坡度

选中"管道"→修改起点或终点的值即可获得坡度，如图 3-18 所示。

【注】 当管道上的坡度符号出现时，可直接单击此符号来修改坡度值。

选中"管道"→点击"管道系统"选项卡→在"编辑"中可选择"坡度"，如图 3-19 所示。

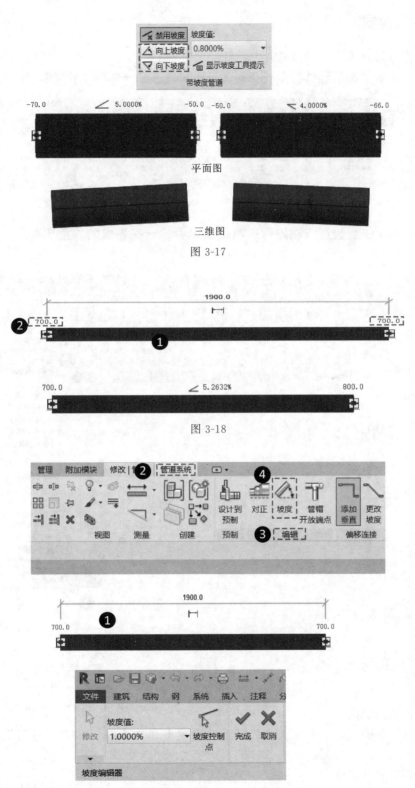

图 3-17

图 3-18

图 3-19

项目3 建筑给排水系统模型绘制

3.2.8 软管绘制

(1) 软管绘制方式（三种方式）

第一种：单击"系统"选项卡→找到"卫浴和管道"→选中"软管"，如图 3-20 所示。

图 3-20

第二种：选中卫浴装置→在绘图区单击鼠标右键→在弹出的快捷菜单中选择"绘制软管"，如图 3-21 所示。

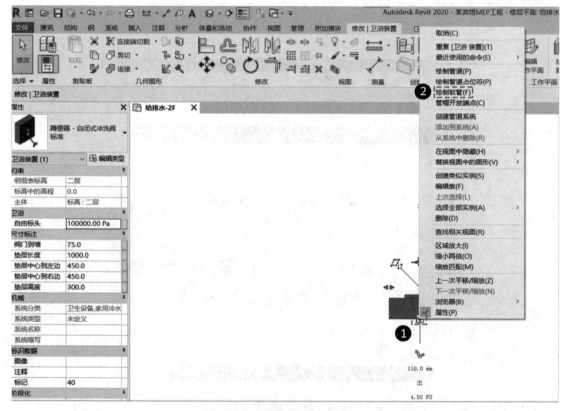

图 3-21

第三种：输入快捷键 FP。

进入管道绘制模式，"修改|放置管道"选项卡和"修改|放置管道"选项栏被同时激活。

(2) 绘制软管的步骤

选择"软管类型"→选择"软管尺寸"→选择"中间高程"，如图 3-22 所示。

① 选择软管类型：在软管"属性"中选择所需的软管。

② 选择软管尺寸：在"修改｜放置软管"选项栏中的"直径"中可下拉选择尺寸或直接输入所需软管尺寸。

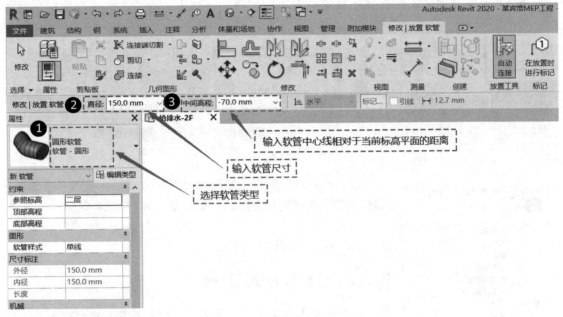

图 3-22

③ 选择中间高程：在"修改｜放置软管"选项栏中的"中间高程"中可下拉选择数值或直接输入数值。

（3）修改软管

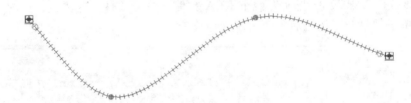

① ⊶ 连接件，可重新定位软管的端点；可以将软管与另一构件的管道的连接件连接起来，也可断开与该管道连接件的连接。

② ○ 切点，可调整软管首个和末个拐点处的连接方向。

③ ⇢ 顶点，可修改软管的拐点。在软管上单击鼠标右键，在弹出的快捷菜单中选择"插入顶点"或"删除顶点"命令可插入或删除顶点，可修改软管的形状。

任务 3.3　管件的布置

3.3.1　管件的使用方法

管件是连接管道之间的附件，绘制管件的方法有两种。

（1）自动添加管件

在绘制管道中自动加载的管件需在管道的"类型属性"对话框中指定。

3-5　管件的创建、管道附件的创建

管件的类型有存水弯、T形三通、变径三通、四通、活接头等。

（2）手动添加管件有三种方式

第一种：单击"系统"选项→找到"卫浴和管道"→选中"管件"→放在所需位置即可，如图 3-23 所示。

图 3-23

图 3-24

第二种：在"项目浏览器"中展开"族"→找到"管件"→选中所需管件直接拖到绘图区域绘制，如图 3-24 所示。

第三种：直接输入 PF。

3.3.2 存水弯的使用及绘制

S 形存水弯多用于与洗手盆、小便器连接；P 形存水弯多用于大便器连接。

（1）载入族

单击"系统"选项→选择载入族→选择"MEP"中的"水管管件"中的"GBT 5836 PVC-U"中的"承插类型"目录→选择"P形存水弯-PVC-U-排水"和"S形存水弯-PVC-U-排水"两个 RFA 文件→单击"打开"按钮，如图 3-25 所示。

【注】 单击"打开"按钮后不会出现其他反应。

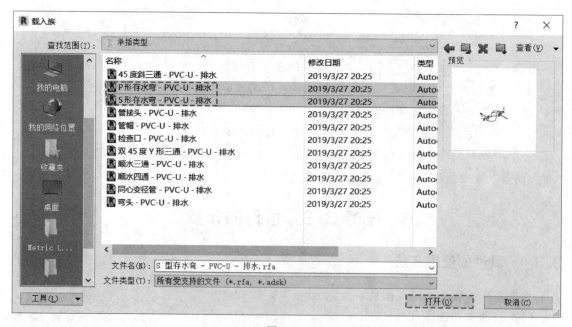

图 3-25

(2) P形存水弯——以蹲便器为例

① 绘制蹲便器污水立管：点击蹲便器的污水管→在"属性"和"系统类型"中选择"污水管"→选择所需中间高程，双击"应用"，如图3-26所示。

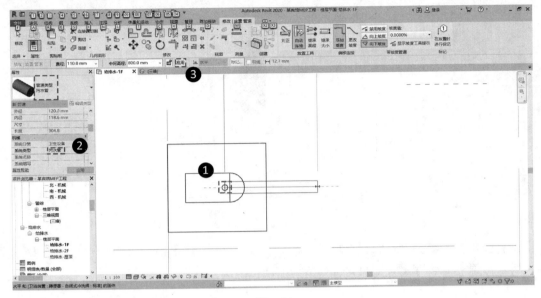

图 3-26

② 放置P形存水弯：单击"系统"选项→选择"管件"→在"属性"面板选择"P形存水弯"→放置在污水立管上，如图3-27所示。

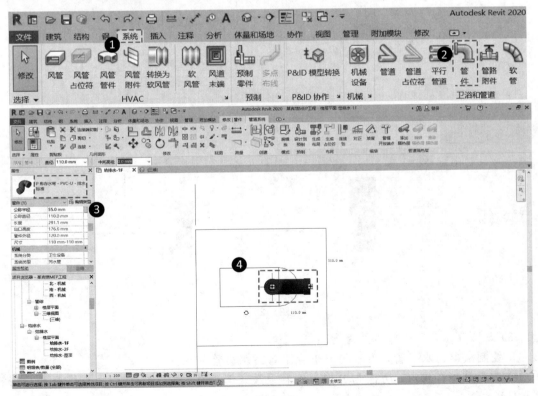

图 3-27

【注】　a. 放置 P 形存水弯时，务必保证 P 形存水弯的中间高程与蹲便器污水立管的中间高程一致，如若不一致，P 形存水弯将会无法正确放置；b. 当 P 形存水弯的方向不正确时，如图 3-28 所示的情况，则需要旋转。

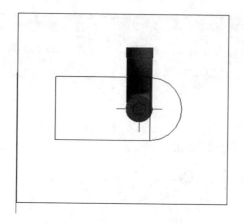

图 3-28

旋转的步骤：单击"P 形存水弯"，输入"RO"→按空格键，将光标移动到如图 3-29(a) 所示位置→旋转存水弯即可，如图 3-29(b) 所示。

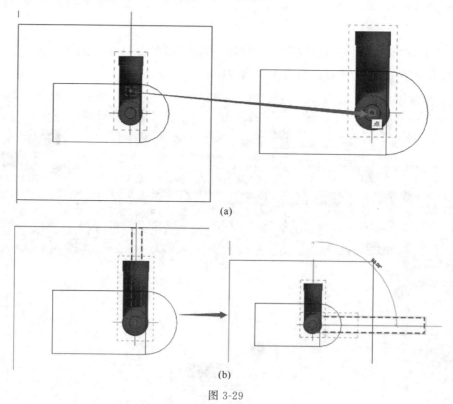

图 3-29

（3）S 形存水弯——以浴盆为例

① 绘制浴盆污水立管，方法与 P 形存水弯污水立管一致。

② 放置 S 形存水弯，方法与 P 形存水弯一致，但无须设置中间高程，直接放置 S 形存水弯即可。

任务 3.4 管道附件的创建

管道附件是放置在管道上的附件，例如：阀门、水表、止回阀等。绘制管道附件的方法有三种。

图 3-30

图 3-31

第一种：单击"系统"选项卡→找到"卫浴和管道"→选中"管路附件"，如图 3-30 所示。

第二种：在"项目浏览器"中展开"族"→找到"管道附件"→选中所需管道附件直接拖到绘图区域绘制，如图 3-31 所示。

第三种：直接输入 PA。

【注】 以阀门为例，其绘制后效果如图 3-32 所示。

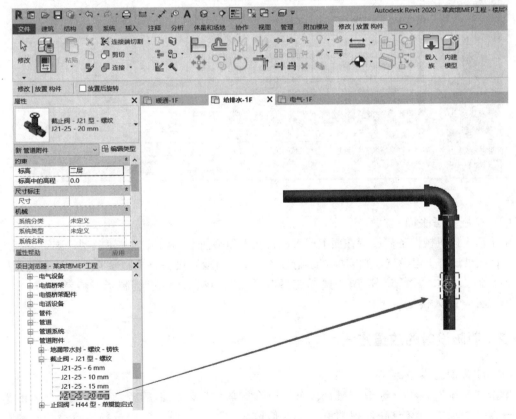

图 3-32

项目 3 建筑给排水系统模型绘制

任务 3.5 消防设备的布置

3-6 消防设备的创建

【说明】 以消防栓为例。

3.5.1 消防设备布置的介绍

（1）载入族

单击"插入"选项→选中"插入族"命令→弹出"载入族"对话框，选中"消防"→选中"给水和灭火"→选中"消火栓"目录下的所需的样式→单击"打开"，如图 3-33 所示。

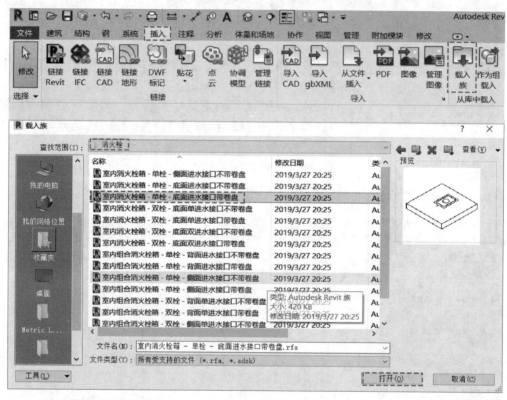

图 3-33

（2）绘制参考平面

由于消火栓机械设备需放置在面上或者放置在工作平面上，如果有土建模型，则可以利用墙体放置；如果没有土建模型，则需要先绘制参考平面，再放置设备。绘制参考平面有两种方法。

第一种：单击"系统"选项→选择"参考平面"，在合适位置绘制所需参考平面。

第二种：输入快捷键 RP。

3.5.2 消防设备的放置方法

（1）放置消防设备族

单击"系统"选项→选中"机械设备"→在"属性"对话框的类型中选择已载入的消火栓箱→在"约束"中修改高程中的值→在"修改|放置机械设备"中选择放置途径→在视图

中放置消火栓箱。

(2) 对齐消防水平支管与消火栓水箱接口

先按照水管管道的绘制方法将消防水管绘制完成，然后按快捷键 AL，先选择消火栓水箱接口的中心，再选择消防水平支管的中心，如图 3-34 所示，对齐结果如图 3-35 所示。

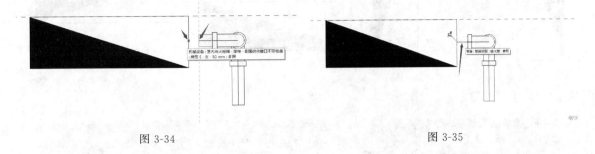

图 3-34　　　　　　　　　　　　图 3-35

(3) 绘制水管

选中消防水管水平支管，光标指针放置在水平支管左侧端点，拖曳水平管道向左移动，移动到消火栓箱水管接口附近，直至出现端点图标 ⊕，如图 3-36 所示。松开鼠标，此时，便连接起来了，如图 3-37 所示。实物图如图 3-38 所示。

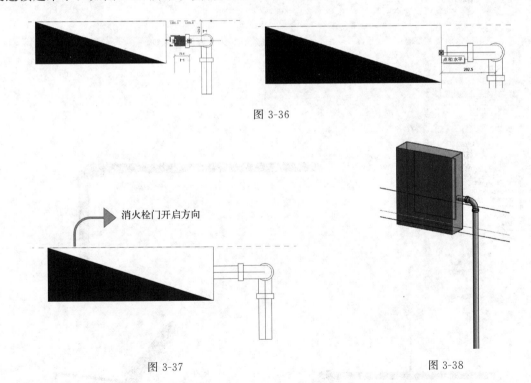

图 3-36

图 3-37　　　　　　　　　　　　图 3-38

【注】 由于消火栓的放置方向不同，因此它的门开启方向也随之不同，需按"空格"键，根据图纸调整方位，如图 3-39 所示。

(4) 设置喷头连管的步骤

单击"系统"选项→选择需要放置的喷头→在"修改 | 喷头"中点击"连接到"→选择需要连接的管道，将会自动连接，如图 3-40 所示。

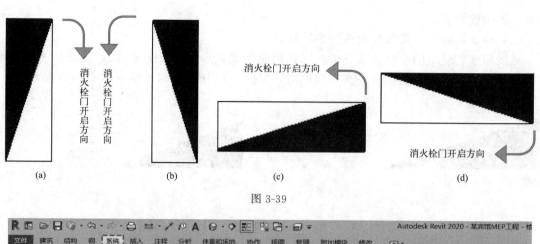

图 3-39

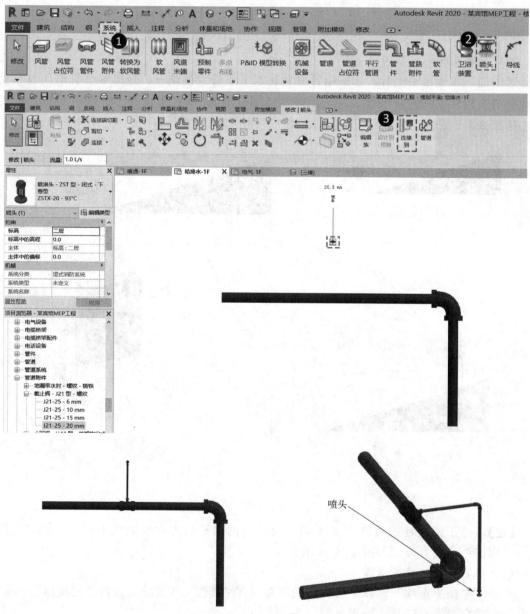

图 3-40

项目4　建筑暖通系统模型绘制

思维导图

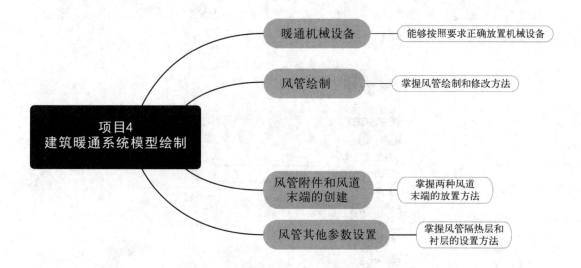

教学目标

通过学习本项目建筑暖通系统模型绘制模块的基本知识,掌握风管系统的创建及编辑方法、风管系统参数设置的方法;掌握机械设备、风管管件、软风管、风管附件、风道末端及风管隔热层、衬层的添加方法,达到创建暖通系统模型的能力。

教学要求

能力目标	知识目标	权重
掌握风管系统的创建及编辑方法	了解风管系统的基本类型	20%
掌握风管系统参数设置的方法	了解风管系统参数设置的基本内容	30%
掌握风管、机械设备、风管管件、软风管、风管附件、风道末端及风管隔热层、衬层绘制及修改的基本方法	熟悉风管、机械设备、软管、风管管件及风管附件的特性	50%

任务 4.1 暖通机械设备

4.1.1 机械设备的布置

单击"系统"选项卡→打开"机械设备"→在"属性"面板中选择所需的设备→在"属性"面板下的"标高"栏中选择所需楼层→在"标高中的高程"中输入所需数值→放置在绘图区所需，如图 4-1 所示。

4-1 暖通机械设备

图 4-1

4.1.2 机械设备的连管

以"风机盘管"设备为例，设备的风管连接件可以连接风管和软风管。连接风管和软风管的方法类似。下面以连接风管为例，设备连接管有四种方法，如下所示。

第一种：单击所需设备→使用鼠标右键单击设备的风管连接件→在弹出的快捷菜单中选择"绘制风管"命令，如图 4-2 所示。

第二种：直接点击设备上的连接件，即可直接绘制风管，如图 4-3 所示。

第三种：直接拖曳已绘制的风管到相应设备的风管连接件，风管将自动捕捉设备上的风管连接件，完成连接，如图 4-4 所示。

第四种：使用"连接到"功能为设备连接风管。

单击需要连接的设备→单击"修改｜机械设备"选项卡→选择"连接到"，选择所需的"选择连接件"→选择所需连接的风管，如图 4-5 所示。

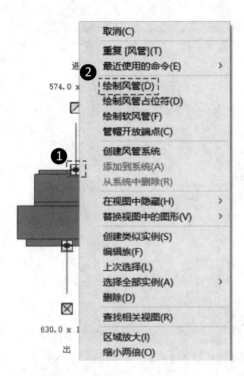

图 4-2

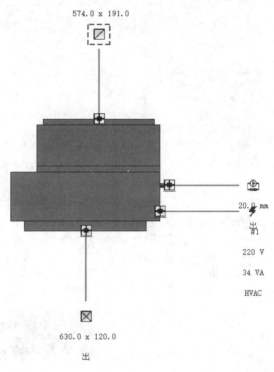

图 4-3

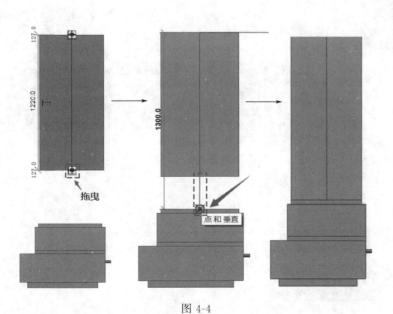

图 4-4

项目 4 建筑暖通系统模型绘制

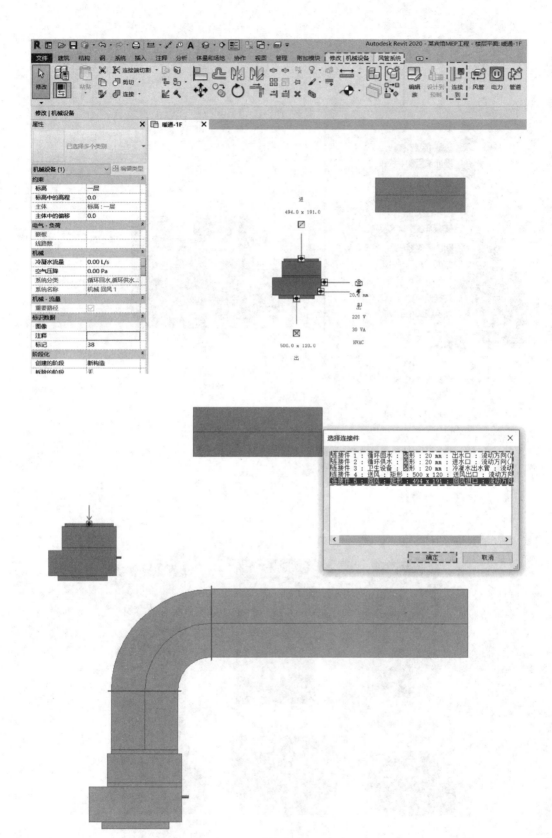

图 4-5

任务 4.2 风管绘制

4.2.1 属性设置

① 单击"系统"选项→选中"风管",即可通过绘图区域左侧的"属性"对话框选择和编辑风管的类型,如图 4-6 所示。

4-2 属性设置、尺寸设置、风管绘制

图 4-6

【注】 Revit MEP 2020 提供的"机械样板"项目样板文件中都默认配置了矩形风管、圆形风管、椭圆形风管,默认的风管类型与风管连接方式有关。如需修改风管类型中的配置或新增风管类型,可按以下步骤来操作。

② 单击"复制",可以在项目样板中的已有风管类型基础模板上添加新的风管类型,如图 4-7 所示。

③ 单击"编辑类型"→打开"类型属性"对话框,可以对风管类型进行配置,如图 4-8 所示。

【说明】
a. 当在"首选连接类型"下拉列表中选择"接头"选项时,"连接"中三通构件就会变灰,接头类构件就会变黑。灰色显示即为不可使用,黑色显示即为使用,如图 4-9 所示。

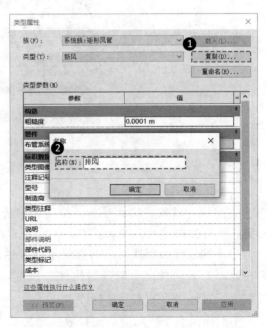

图 4-7

项目 4 建筑暖通系统模型绘制

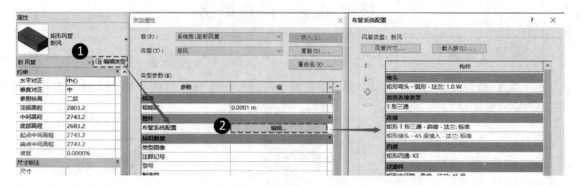

图 4-8

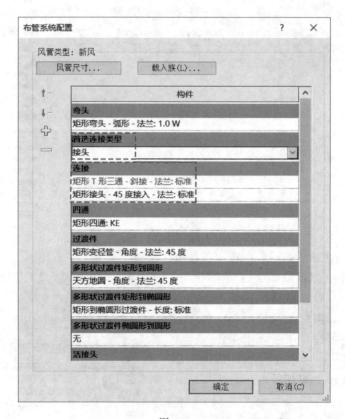

图 4-9

b. 当在"首选连接类型"下拉列表中选择"T形三通"选项时,连接中三通构件就会变黑,接头类构件就会变灰。

c. 不同连接类型所对应的效果不同。生成管件首选第一种,可以通过选中构件点击鼠标左键,上下左右拖动来调整构件的位置,还可以通过"✚"或"━"来新增和删除构件,也可通过"⇕"来翻转管件。

不同连接类型所对应的连接效果种类见表 4-1。

表 4-1

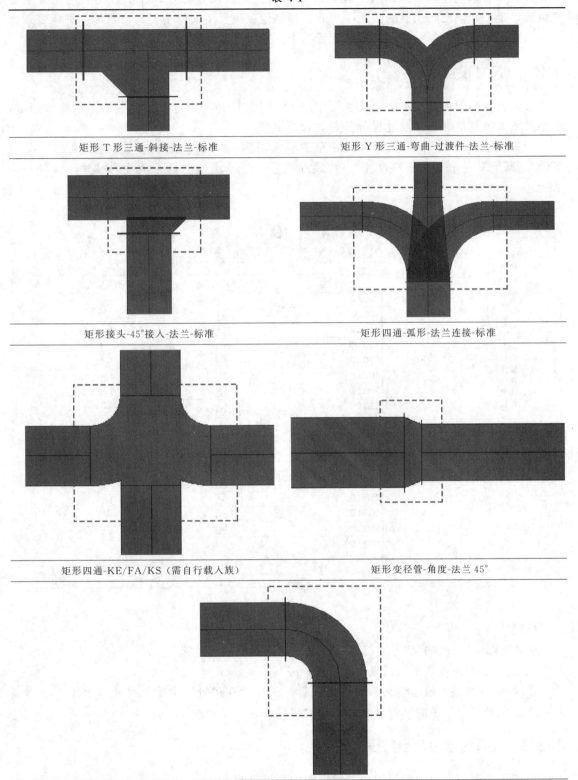

d. "布管系统配置"里的所有设置只对当前类型的风管有效,并不影响其他风管系统的设置,也不影响已经绘制的图元。因此,根据绘制风管的实际情况,有可能一种风管系统下,需要多次设置风管的"布管系统配置"。

4.2.2 尺寸设置

如需编辑当前项目文件中的风管尺寸信息,因其打开方法与项目3中给排水方法相似,本小节不再重复讲解,详细过程可参考3.3.2小节。

设置(添加/删除)风管尺寸:<u>打开"机械设置"对话框后→单击"矩形"/"椭圆形"/"圆形"→单击"新建尺寸"/"删除尺寸"</u>可以添加或删除风管的尺寸,如图4-10所示。

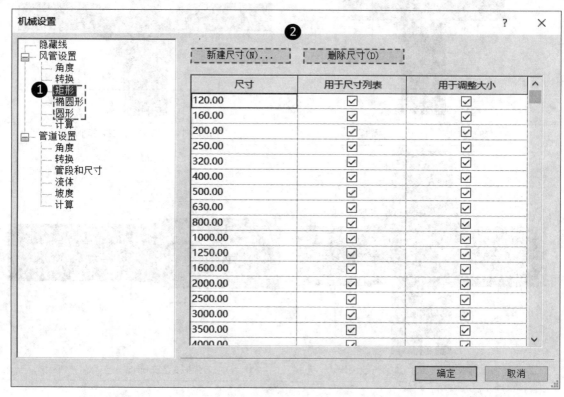

图 4-10

【注】
① "矩形"/"椭圆形"/"圆形"代表的是不同形状的风管。
② 软件不允许重复添加列表中已有的风管尺寸。
③ 如果在绘图区域已绘制某尺寸的风管,该尺寸在"机械设置"尺寸列表中将不能删除,需要先删除项目中的风管,才能删除"机械设置"尺寸。

4.2.3 风管的创建及参数设置

风管在平面、立面、剖面图和三维视图中均可绘制。
<u>单击"系统"选项→选择"风管"(可直接输入快捷键DT)</u>,如图4-11所示。

图 4-11

接着，按照如图 4-12 所示的步骤绘制风管。

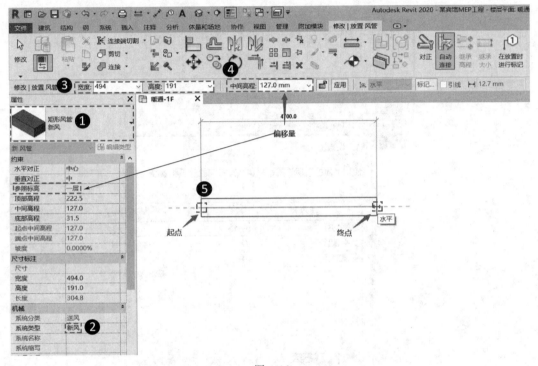

图 4-12

图 4-12 中主要数据的意义如下。

① 选择风管类型：在风管"属性"面板中选择所需要的风管类型，例如：新风、回风。
② 风管系统类型：继"选择风管类型"之后可选择所需的风管系统类型。
③ 选择风管尺寸：在"修改|放置风管"选项栏的"宽度"或"高度"下拉列表中选择所需尺寸。如若在下拉列表中没有所需尺寸，可直接在"宽度"和"高度"栏中输入所需尺寸。
④ 指定风管偏移量：在"偏移量"下拉列表中可以选择项目中已经用的风管偏移量，也可以直接输入所需偏移量。
⑤ 指定风管的起点和终点：将鼠标指针移至绘图区，单击可指定风管起点，在移动至终点的位置可再次单击，即可完成一段风管的绘制。可以继续移动鼠标绘制下一段，但须勾选"自动连接"，风管才会根据管路布局自动添加预设好的风管管件，绘制完成后，按 Esc 键，或者单击鼠标右键，在弹出的快捷菜单中选择"取消"命令，如图 4-13 所示，即可退出绘制命令。

图 4-13

项目 4　建筑暖通系统模型绘制

4.2.4 风管对正

风管对正操作方法有两种,如下所示。

第一种:在平面和三维视图中一开始绘制风管时,就可以通过"修改 | 放置风管"选项卡中的"对正"来指定所绘风管的对齐方式。

单击"系统"选项卡中选中"风管"→在"修改 | 放置风管"选项卡中单击"对正"→打开"对正设置"对话框,如图 4-14 所示。

4-3 风管对正、自动连接

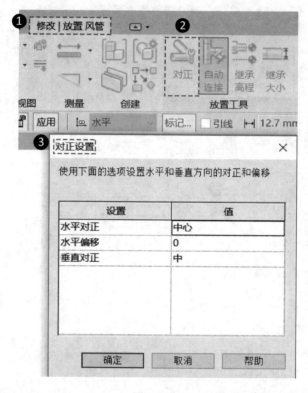

图 4-14

其中对正设置中几个参数意义如下。

① 水平对正:自左向右绘制风管时,选择不同"水平对正"方式效果,以风管的"中心""左""右"侧边缘作为参照,将相邻两段风管边缘进行水平对正。"水平对正"的效果与画管方向有关,如图 4-15 所示。

② 水平偏移:适用于指定风管绘制之间的水平偏移距离。"水平偏移"的距离和"水对齐"设置与风管方向有关。例如:设置"水平偏移"值为 100mm,自左向右绘制风管,不同"水平对齐"方式下风管绘制效果如图 4-16 所示。

③ 垂直对正:以风管的"中心""底""顶"作为参照,将相邻两段风管边缘进行垂直对齐。"垂直对正"的设置决定风管"中间高程"指定的距离。例如:设中间高程为 2000mm 来绘制风管,不同"垂直对正"的效果如图 4-17 所示。

第二种:在风管绘制完成后,可以直接点击所需修改管段,再使用"对正"命令来修改风管的对齐方式。

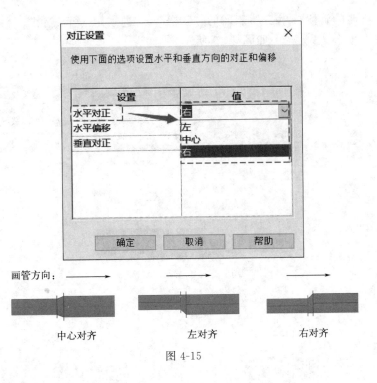

图 4-15

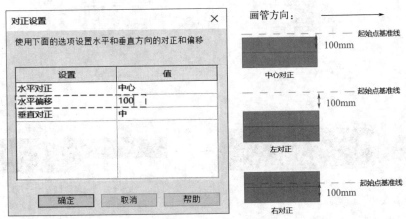

图 4-16

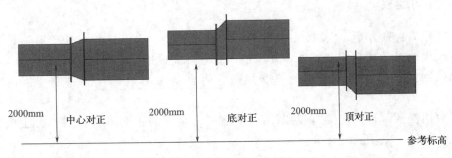

图 4-17

选中所需修改的管段→单击功能区的"对正"→进入"对正编辑器",选择所需对齐方式和对齐方向→单击"完成",如图4-18所示。

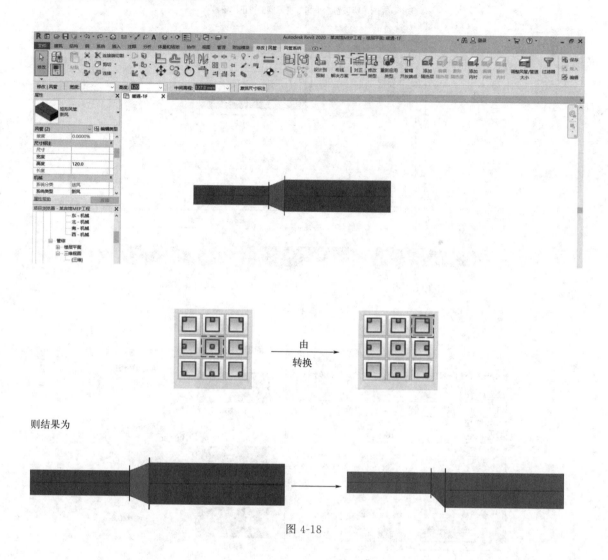

图4-18

4.2.5 自动连接

激活"风管"命令后,"修改|放置风管"选项卡的"自动连接"用于某一段风管管路开始或者结束时自动捕捉相交风管,并添加风管管件完成连接。默认情况下,这一选项是激活的。如绘制两段不在同一高程的正交风管,将自动添加风管管件完成连接,如图4-19所示。

如果取消激活"自动连接",绘制两段不在同一高程的正交风管,则不会生成管件完成自动连接,如图4-20所示。

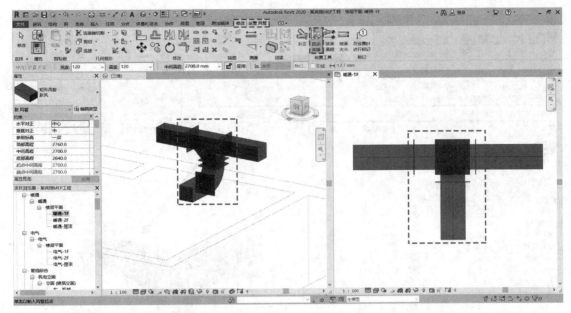

图 4-19

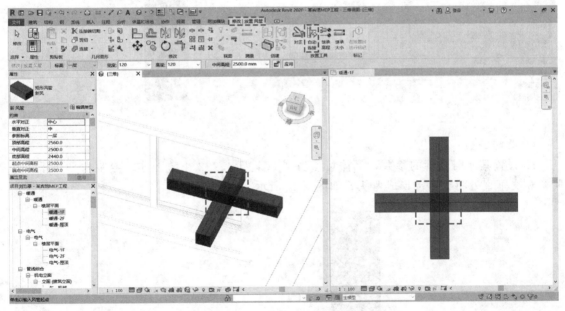

图 4-20

4.2.6 风管管件的编辑

(1) 变径三通风管的创建

① 方法一：在 Y 形三通的基础上将需要修改的位置改为所需尺寸，即可将三通自动成为变径三通，如图 4-21 所示。

4-4 风管管件的编辑、风管管件的使用

项目 4 建筑暖通系统模型绘制

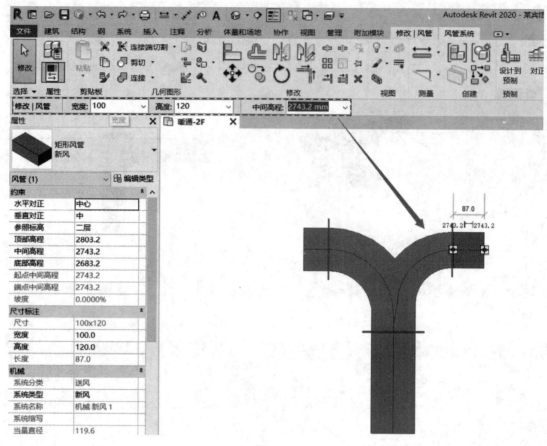

图 4-21

② 方法二。

a. 设置其所需风管的参数，具体可参考 4.2.1 及 4.2.2 小节。连续绘制水平与垂直风管，相交垂直处将会自动形成弯头，如图 4-22 所示。

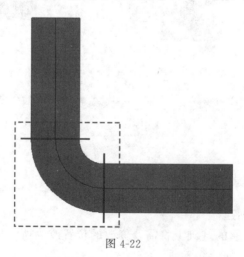

图 4-22

b. 选中已生成的弯头，单击左侧的"➕"符号，此时弯头会自动生成一个三通，如图 4-23 所示。

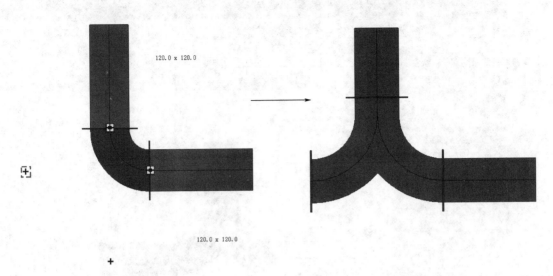

图 4-23

c. 右击三通左侧的 ⊞ 符号,则会弹出如图 4-24 所示的菜单→选择"绘制风管"→在选项栏的"宽度""高度"输入所需数值→在绘图区域进行绘制,绘制完成后,三通会变成变径三通,结果如图 4-25 所示。

图 4-24

项目 4 建筑暖通系统模型绘制

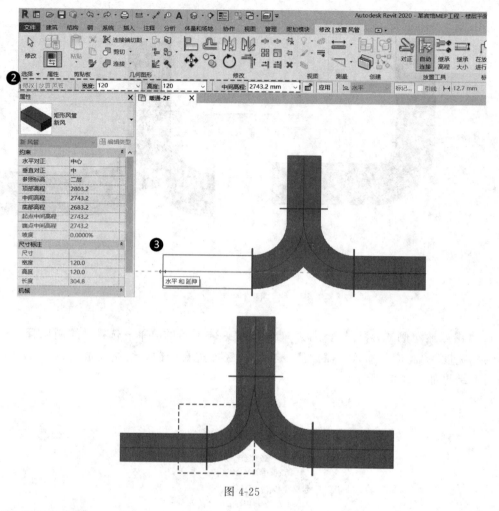

图 4-25

(2) 四通的创建

设置其所需风管的参数,具体可参考 4.2.1 及 4.2.2 小节。绘制水平与垂直风管,相交处将会自动形成四通管件,如图 4-26 所示。

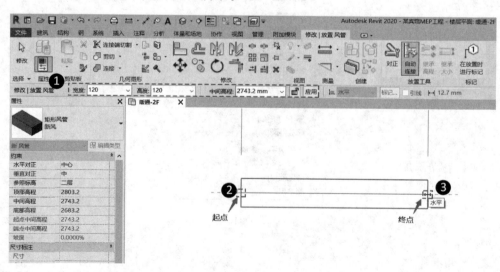

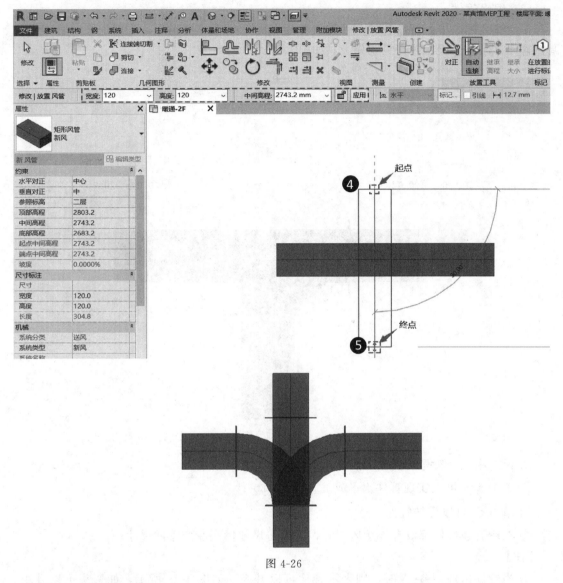

图 4-26

【注】 变径四通接口的做法：其步骤与三通创建一致，详细可参考三通。

4.2.7 风管管件的使用

风管管路中包含大量连接风管的管件，如弯头、T形三通、接头、四通、过渡件（变径）、天圆地方、活接头等。

（1）放置风管管件（两种方法）

第一种：自动添加。绘制某一类型风管时，通过"类型属性"面板中"管件"指定的风管管件，可以根据风管自动布局加载到风管管路中。目前一些类型的管件可以在"类型属性"中直接找到，如弯头、T形三通、接头、四通、过渡件（变径）、天圆地方、活接头等，可根据自己的需要选择相应的管件。

第二种：手动添加。当在"类型属性"面板的"管件"没有指定的管件类型时，如Y形三通、斜T形三通、斜四通等，使用时需要手动将管件放置到所需位置后手动绘制风管。

（2）编辑管件

在绘图区域中单击所需管件，管件周围会出现一些管件控制键，可用于修改管件尺寸、调整管件方向和进行管件升级或降级，如图 4-27 所示。

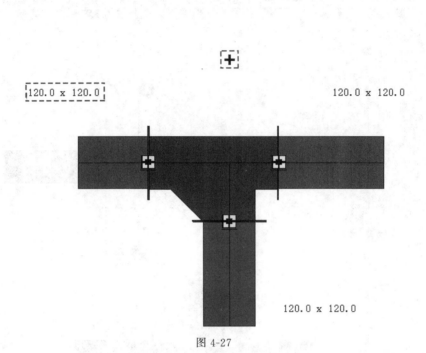

图 4-27

图 4-27 中几个符号所代表的意义：

① 单击 ⇔ 可以实现管件水平或垂直翻转 180°；

② 单击 ↻ 可以旋转管件；

③ 在所有连接件都没有连接风管时，可单击尺寸标注改变管件尺寸。

【注】

① 当管件出现"✚"时，则表示管件可以升级，如图 4-28 所示，如弯头可以升级为三通，三通升级为四通。

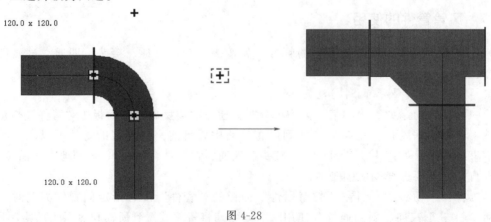

图 4-28

② 如果管件有一个未使用连接风管的连接件，则在该连接件的旁边可能会出现"➡"，表示该管件可以降级，如图 4-29 所示，如四通可以降级为三通。

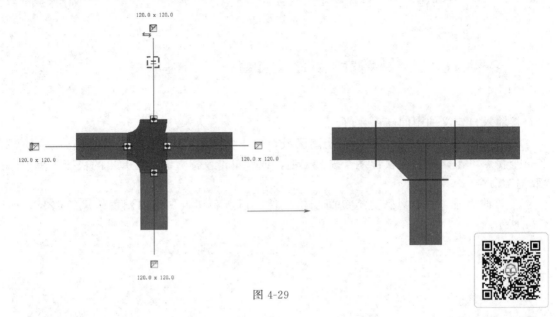

图 4-29

4-5 软风管的绘制、软风管的样式

4.2.8 软风管的绘制

① 单击"系统"选项卡→选择"软风管"，如图 4-30 所示。

图 4-30

② 在软风管"属性"面板中选择所需绘制的风管类型：其中软风管有"圆形软风管"和"矩形软风管"两种类型，如图 4-31 所示。

③ 选择软风管尺寸。

a. 圆形软风管：可在"修改｜放置软风管"选项卡的"直径"下拉列表中选择直径大小，如图 4-32 所示。

b. 矩形软风管：可在"修改｜放置软风管"选项卡的"宽度"或"高度"下拉列表中选择风管尺寸，如图 4-33 所示。

【注】 若在下拉列表中没有所需的尺寸，可以直接在"高度""宽度""直径"中输入所需绘制的尺寸。

a. 指定软风管中间高程：在"中间高程"下拉列表中，可以选择项目中已经用的软风管｜风管偏移量，也可

图 4-31

项目 4　建筑暖通系统模型绘制　75

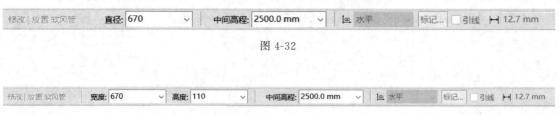

图 4-32

图 4-33

以直接输入自定义的中间高程数值。

b. 指定软风管起点和终点：在绘图区域，单击指定软风管的起点，沿着软风管的路径在每个拐点单击，最后在软管终点按 Esc 键，或者单击鼠标右键，在弹出的快捷菜单中选择"取消"命令。

c. 修改软管：在软风管上拖曳两端连接件、顶点和切点，可以调整软风管路径，如图 4-34 所示。

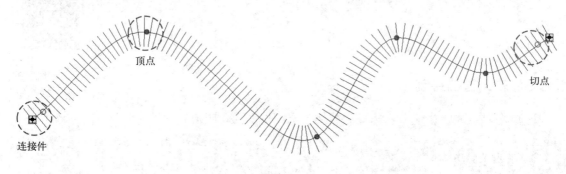

图 4-34

【注】 图 4-34 中的几个重要符号意义。

a. 连接件 ⊞：出现在软风管的两端，允许重新定位软风管的端点。通过连接件，可以将软风管与另一构件的风管连接件连接起来，或断开与该风管连接件的连接。

b. 顶点 ●：沿软风管走向分布，允许修改软风管的拐点。在软风管上单击鼠标右键，可在弹出的快捷菜单栏中选择"插入顶点"或"删除顶点"，如图 4-35 所示。

c. 切点 ◯：出现在软风管的起点和终点，允许调整软风管的首个和末个拐点处的连接方向。

4.2.9 软风管的样式

在软风管"属性"对话框中"软管样式"提供了软风管样式，如图 4-36 所示。

图 4-35

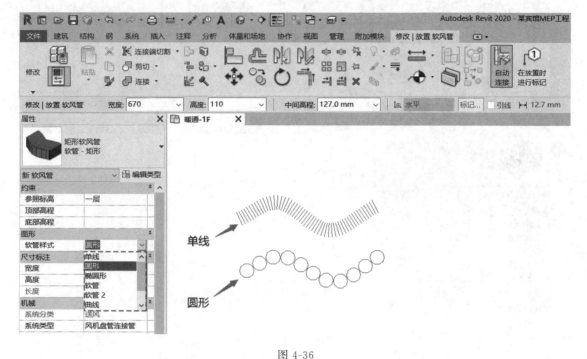

图 4-36

任务 4.3 风管附件和风道末端的创建

4.3.1 风管附件的创建

【说明】 添加风管附件前，必须先绘制好风管。

① 单击"系统"选项→选择"风管附件"（或输入快捷键 DA），如图 4-37 所示。

② 在"属性"面板中选择所需风管附件，如图 4-38 所示；若没有所需的风管附件类型，则点击"属性"面板中的"编辑类型"，再选择"载入族"命令，将所需的风管附件载入进来，如图 4-39 所示。

③ 选择好所需风管附件之后，在绘图区域上需要放置风管附件的位置上单击鼠标左键，即可放置完成。

4-6 风管附件和风道末端的创建

图 4-37

项目 4 建筑暖通系统模型绘制

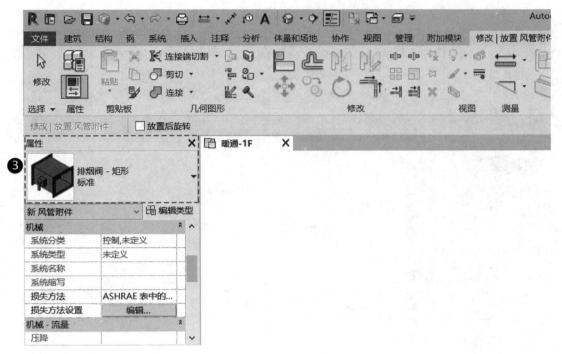

图 4-38

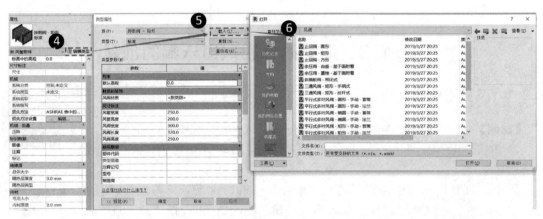

图 4-39

4.3.2 风道末端的创建

【说明】 添加风道末端前,必须先绘制好风管。

风道末端添加散流器的步骤如下。

① 单击"系统"选项→选择"风道末端"(或输入快捷键 AT)→在弹出的"属性"面板选择所需的"散流器"类型,如图 4-40 所示。

② 在"修改|放置"风道末端装置栏中选择"风道末端安装到风管上"选项→调整散流器至合适的位置,如图 4-41 所示。

【注】 若没选择"风道末端安装到风管上"选项,根据风口设置的标高,自动生成风管到风口之间的风管,其结果如图 4-42 所示。

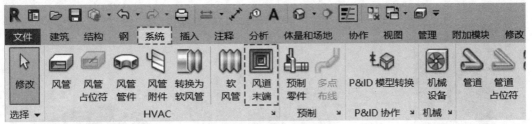

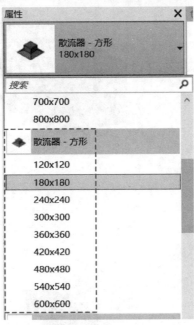

图 4-40

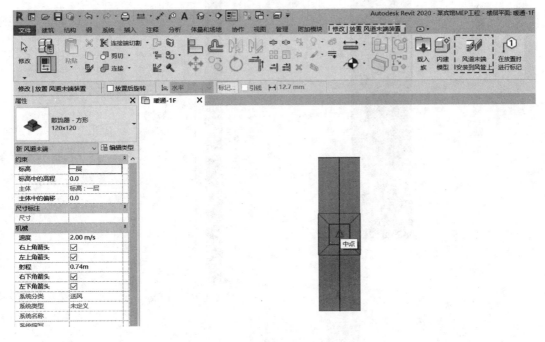

图 4-41

项目 4 建筑暖通系统模型绘制

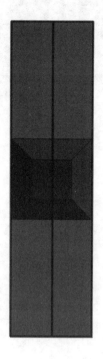
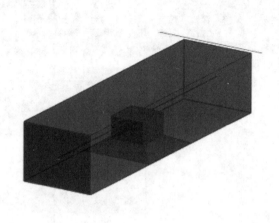

三维视图

图 4-41

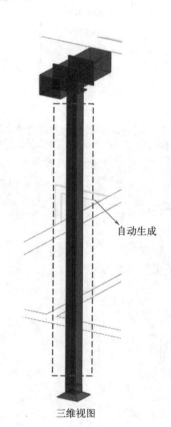

自动生成

三维视图

图 4-42

任务 4.4　风管其他参数设置

4-7　风管其他参数设置

4.4.1　风管设置

在"机械设置"对话框的"风管设置"选项中，可以对风管进行尺寸标注及对风管内流体参数等进行设置，如图 4-43 所示。

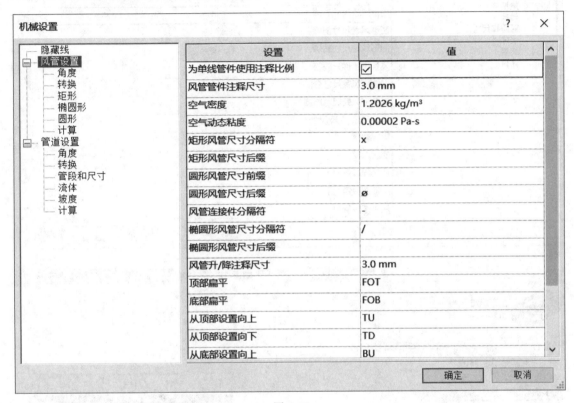

图 4-43

其中几个较为常用的参数意义如下。

① 为单线管件使用注释比例：如果勾选该复选框，在屏幕视图中，风管管件和风管附件在粗略显示程度下，将会以"风管管件注释尺寸"参数所指定的尺寸显示。默认情况下，这个设置是勾选的。如果取消勾选，后续绘制的风管管件和风管附件族将不再使用注释比例显示，但之前已经布置到项目中的风管管件和风管附件族不会更改，仍然使用注释比例显示。

② 风管管件注释尺寸：指定在单线视图中绘制的风管管件和风管附件的出图尺寸。无论图纸比例为多少，该尺寸始终保持不变。

③ 矩形风管尺寸后缀：指定附加到根据"实例属性"参数显示的矩形风管尺寸后面的符号，当此处输入符号后，如图 4-44 所示。

④ 圆形风管尺寸前缀：指定附加到根据"实例属性"参数显示的圆形风管尺寸后面的符号，其用途与矩形风管尺寸后缀相似。

⑤ 风管连接件分隔符：指定在使用两个不同尺寸的连接件时用来分隔信息的符号，如图 4-45 所示。

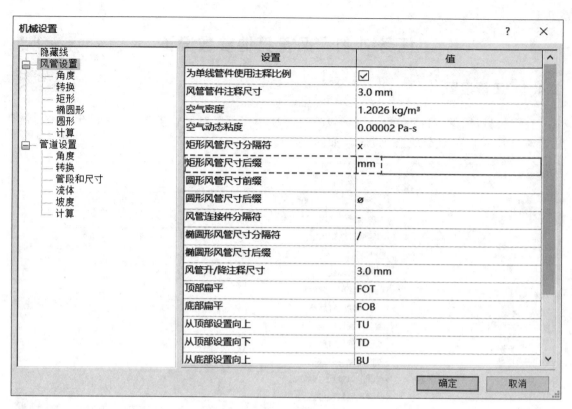

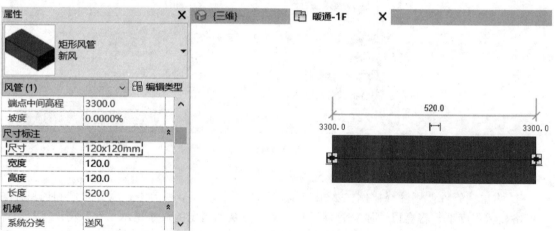

图 4-44

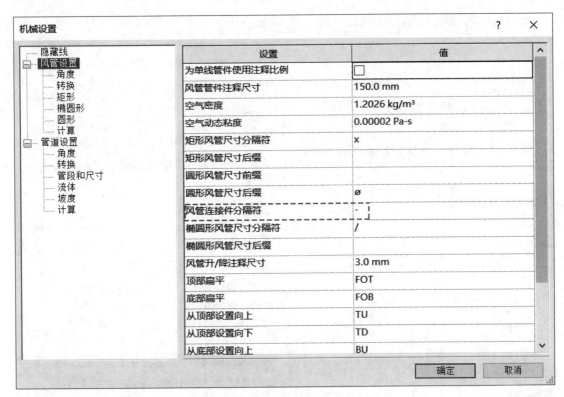

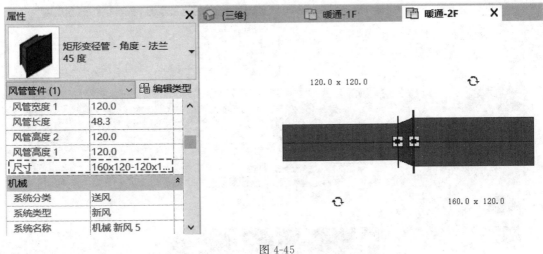

图 4-45

4.4.2 风管隔热层和衬层

Revit MEP 可以为风管管路添加隔热层和衬层，可以分别设置隔热层和内衬的类型、类型属性及厚度，如图 4-46 所示。

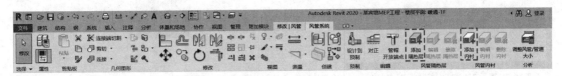

图 4-46

分别编辑风管和风管管件的属性,输入所需的隔热层和衬层厚度,如图 4-47 所示。

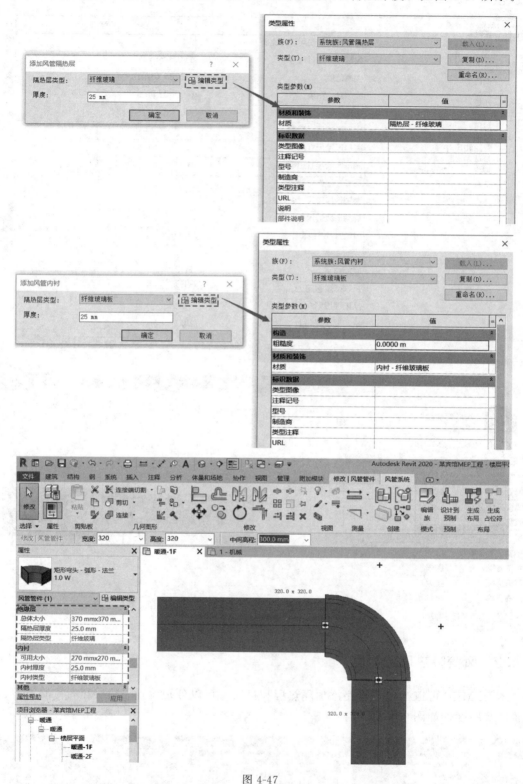

图 4-47

【说明】 当视觉样式设置为"线框"时,可以清晰地看到隔热层和衬层。

项目5 建筑电气系统模型绘制

思维导图

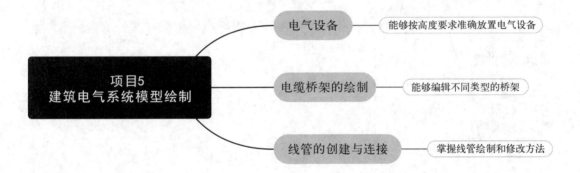

教学目标

通过学习本项目建筑电气系统模型绘制模块的基本知识,掌握电气系统的创建及编制方法、电气系统参数设置的方法;掌握电气设备、电缆桥架、线管的添加方法,达到创建电气专业系统模型的目的。

教学要求

能力目标	知识目标	权重
掌握电气系统的创建及编辑方法	了解电气系统的基本类型	20%
掌握电气系统参数设置的方法	了解电气系统参数设置的基本内容	30%
掌握电气设备的放置以及电缆桥架、线管、设备连管绘制及修改的基本方法	熟悉电气设备、电缆桥架、线管及设备连管的特性	50%

任务 5.1 电气设备

5-1 电气设备

电气设备主要包括配电箱（柜）、开关、插座、灯具等，在布置时可分为以下三类，如图 5-1 所示。

（1）放置在垂直面上

如墙上，以开关为例。

打开"平面"视图→单击"系统"选项卡→点击"照明"命令，默认放置位置为"放置在垂直面上"→选择相应的开关类型→单击开关，可在"属性"面板编辑开关的垂直高度→在绘图区域放置所需开关，如图 5-2 所示。

图 5-1

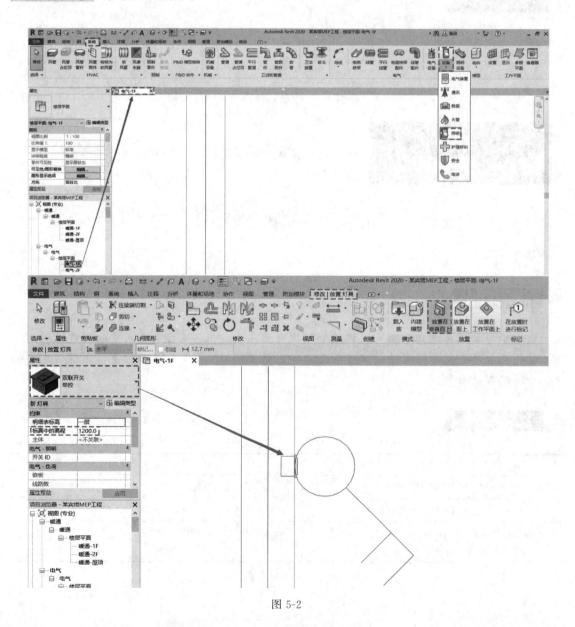

图 5-2

(2) 放置在面上

如楼板等平面上，以照明设备为例。

① 放置"LED 长条灯"。

a. 打开"电气-2F"视图→单击"系统"选项卡→选择"照明设备"（或者输入快捷键 LF），如图 5-3 所示。

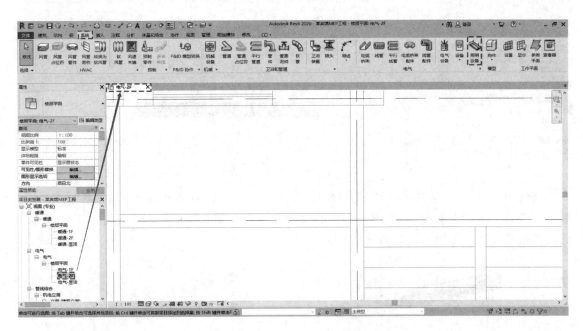

图 5-3

b. 在"属性"面板中选择"LED 长条灯"→点击"修改│放置设备"选项卡→选择"放置在工作平面上"→在绘图区域所需处放置"LED 长条灯"→单击长条灯的"翻转工作平面"，如图 5-4 所示。

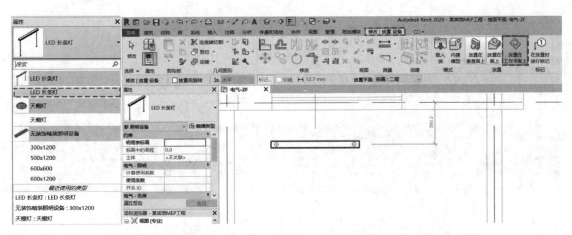

图 5-4

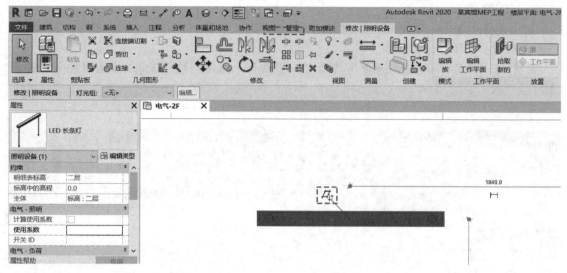

图 5-4

【说明】 因为一层的长条灯是悬挂在二层的底部,所以需要单击"翻转工作平面",如果不单击"翻转工作平面",灯则会贴在二层地面上,如图 5-5 所示;单击此按钮,灯则会翻过来贴在一层天花板上,如图 5-6 所示。

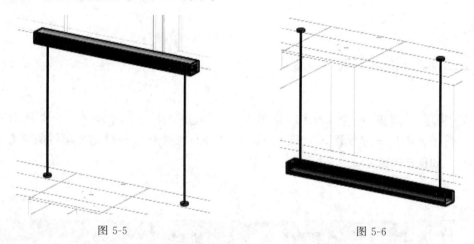

图 5-5　　　　　　　　　　　　　　图 5-6

② 放置"天棚灯"。

a. 打开"三维"视图→单击"系统"选项卡→选择"照明设备"(或者输入快捷键 LF),如图 5-7 所示。

图 5-7

b. 在"属性"面板中选择"天棚灯"→点击"修改 | 放置设备"选项卡→选择"放置在工作平面上"→在绘图区域将天棚灯放置在合适的位置,如图 5-8 所示。

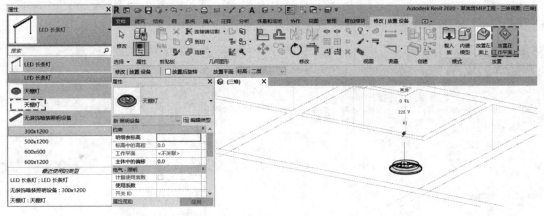

图 5-8

【注】 如需放置电气设备和照明设备以外的设备,可单击"设备"下的三角按钮,在弹出的"电气装置""通讯""数据""火警""照明""护理呼叫""安全""电话"相应的设备分类中,根据具体需求进行选择,如图 5-9 所示。

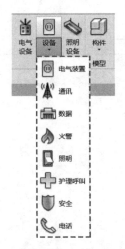

图 5-9

(3) 放置在工作平面上

可以先设置工作平面,再放置电气设备。默认情况下,工作平面为该平面图中的参考标高高度。

任务 5.2 电缆桥架的绘制

5.2.1 属性设置

打开"电缆桥架设置"的方法如下。

5-2 属性设置、尺寸设置

项目 5 建筑电气系统模型绘制

第一种：单击"管理"选项卡→打开"MEP 设置"的下拉列表→选择"电气设置"→在"电气设置"对话框中点击"电缆桥架设置"，如图 5-10 所示。

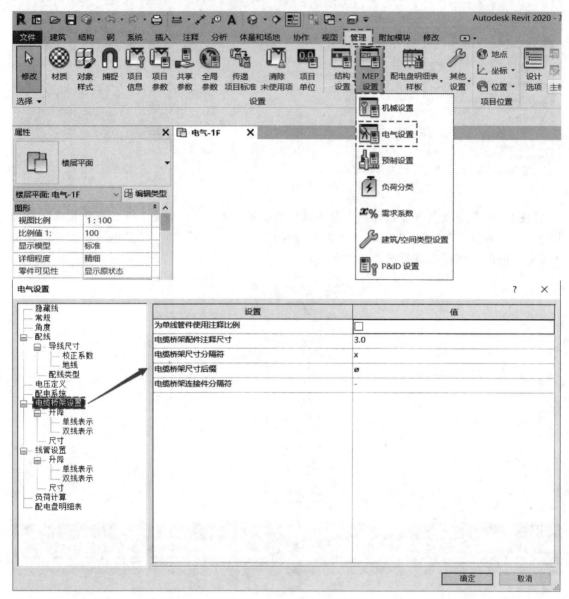

图 5-10

第二种：单击"系统"选项卡→点击"电气"栏右下角的下拉符号↘→在"电气设置"对话框中点击"电缆桥架设置"。

第三种：输入快捷键 ES→在"电气设置"对话框中点击"电缆桥架设置"。

5.2.2 尺寸设置

在"电气设置"中打开"电缆桥架设置"的"尺寸"。

"尺寸"会列出在项目中使用的电缆桥架尺寸表，可在表中编辑当前项目文件中的电缆桥架尺寸，如图 5-11 所示。

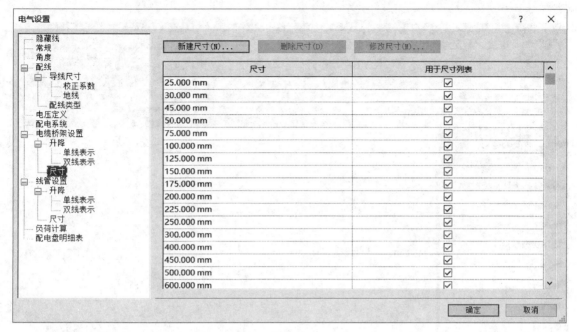

图 5-11

【注意】 在尺寸表中,在右侧要勾选"用于尺寸列表",如果不勾选,该尺寸将不会出现在下拉列表中。

5.2.3 桥架绘制

(1) 基本操作

进入电缆桥架绘制模式的方法有以下两种。

第一种:单击"系统"选项卡→在"电气"栏选中"电缆桥架",如图 5-12 所示。

5-3 桥架绘制、桥架对正

第二种:直接输入快捷键 CT。

图 5-12

(2) 绘制步骤

① 选中电缆桥架类型:在电缆桥架"属性"面板中选择所需的电缆桥架类型,如图 5-13 所示。

② 选中电缆桥架尺寸与偏移:在"修改|放置 电缆桥架"选线栏的"宽度""高度"下拉列表中选择电缆桥架的尺寸,也可直接输入所需尺寸,在"中间高程"下输入所需偏移量,如图 5-14 所示。

【注意】 如果在下拉列表中没有该尺寸,系统将会自动选中与输入尺寸最接近的尺寸。

③ 指定电缆桥架的起点与终点:在绘图区域单击即可指定电缆桥架的起点,根据绘制路线,再次单击即可完成一段电缆桥架的绘制,如图 5-15 所示;可继续移动鼠标绘制下一

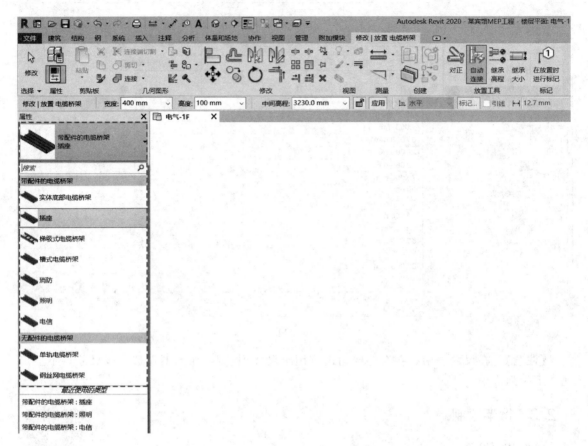

图 5-13

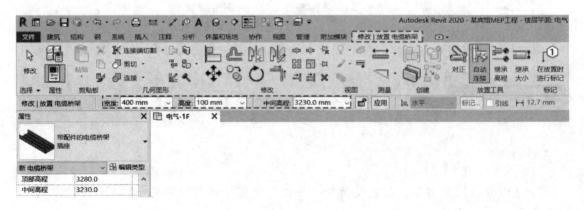

图 5-14

段,绘制完成后,按 Esc 键,或者点击鼠标右键,在弹出的快捷菜单中选择"取消"命令,即可退出绘制。

(3) 自动连接

在"修改|放置 电缆桥架"选项卡中有"自动连接"选项,默认情况下是激活的,如图 5-16 所示。

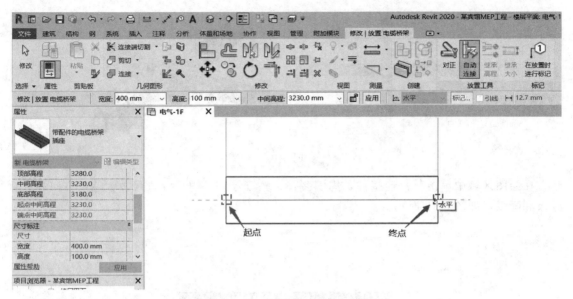

图 5-15

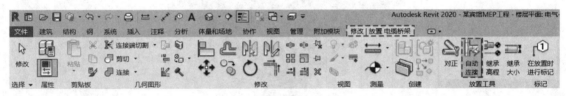

图 5-16

【说明】 是否开启"自动连接"将决定绘制桥架时是否自动连接到相交电缆桥架上，并生成电缆桥架配件。

① 当激活"自动连接"时，在两直段相交位置会自动生成四通，如图 5-17 所示。

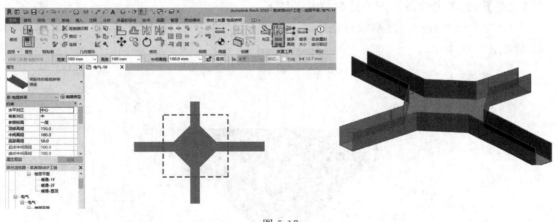

图 5-17

② 当没有激活"自动连接"时，将不会自动生成电缆桥架配件，如图 5-18 所示。

（4）编辑电缆桥架配件

在绘制电缆桥架时，其相交处都会自动生成电缆桥架配件，因此无须手动放置。以下主要介绍如何编辑电缆桥架配件。

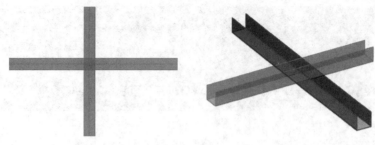

图 5-18

在绘图区域中单击某一连接件,周围会有一些符号,可用于修改尺寸、调整方向和进行升级和降级,如图 5-19 所示。

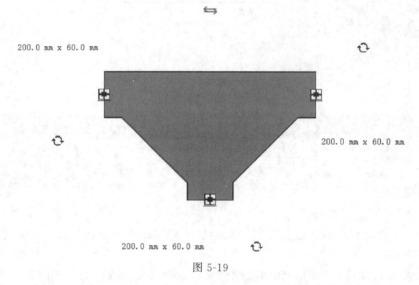

图 5-19

【说明】 编辑电缆桥架配件的参数意义如下。

① 在配件的所有连接件都没有连接时,可单击尺寸标注改变"宽度"和"高度",如图 5-20 所示。

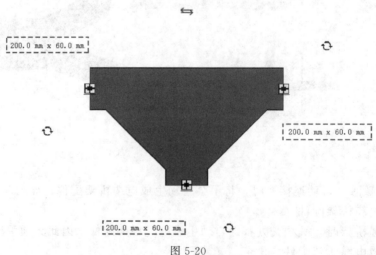

图 5-20

② 单击 ⇔ 符号可以实现配件水平或垂直翻转 180°。

③ 单击 ↻ 符号可以旋转配件。当配件连接了电缆桥架后，旋转符号 ↻ 不再出现，如图 5-21 所示。

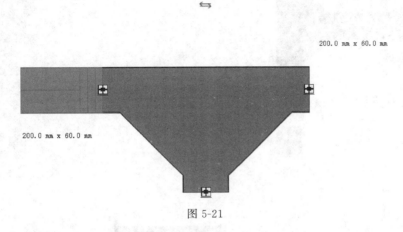

图 5-21

④ 如果配件的旁边出现加号 ✚，表示可以升级该配件，如带有使用连接件的三通可以升级为四通，如图 5-22 所示。

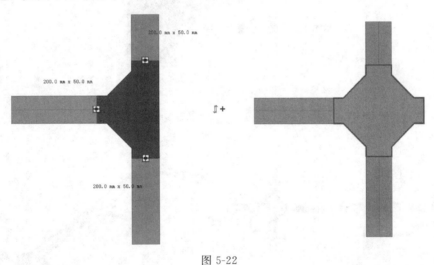

图 5-22

⑤ 如果配件的旁边出现减号 ➖，表示可以降级该配件，如带有使用连接件的 T 形三通可以降级为弯头，如图 5-23 所示。

⑥ 如果配件上有多个未使用的连接件，则不会显示加、减号，如图 5-24 所示。

（5）电缆桥架的配件类型

电缆桥架的配件可分为"带配件的电缆桥架"和"无配件的电缆桥架"，两者在功能上各不相同。

① 绘制"带配件的电缆桥架"时，两者直段和配件间有分割线，分为各自几段，如图 5-25 所示。

② 绘制"无配件的电缆桥架"时，转弯处和直段之间并没有分隔；桥架交叉时，桥架自动被打断；桥架分支时也是直接相连而不会插入任何配件，如图 5-26 所示。

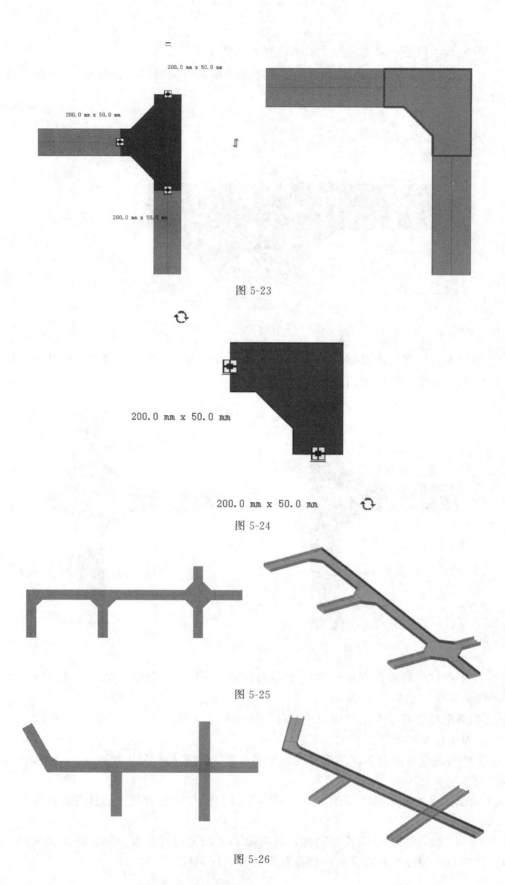

图 5-23

图 5-24

图 5-25

图 5-26

5.2.4 桥架对正

电缆桥架的对正与暖通中的风管方法类似,本小节不再重复讲解,可参考项目 4 中"4.2.4 风管对正"。

任务 5.3 线管的创建与连接

5-4 线管绘制

5.3.1 属性设置

添加/编辑线管的类型:单击"系统"选项卡→选择"线管"→在"属性"面板中单击"编辑类型"→修改所需参数,如图 5-27 所示。

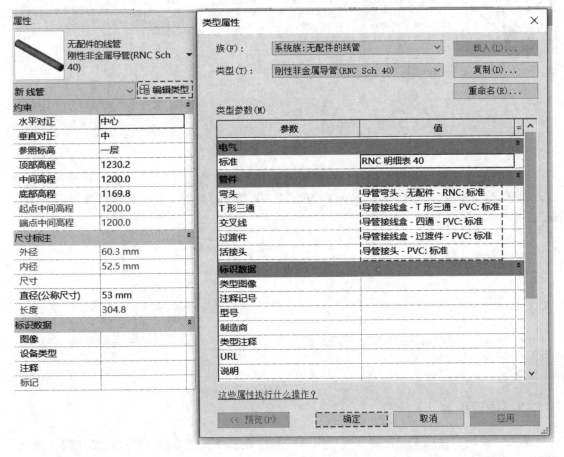

图 5-27

5.3.2 尺寸设置

线管管径尺寸的设置:单击"系统"选项卡→单击"照明设备"下的 ↘(或者输入快捷键 ES)→选择"线管设置"→点击"尺寸",在右侧面板中可设置线管尺寸,如图 5-28 所示。

项目 5 建筑电气系统模型绘制

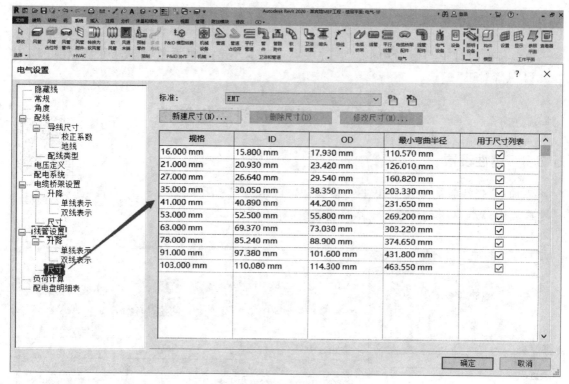

图 5-28

线管的配件类型：分为"带配件的线管"和"无配件的线管"。当绘制"带配件的线管"时，则显示有分割线，如图 5-29 所示；当绘制"无配件的线管"时，则不会显示有分割线，如图 5-30 所示。

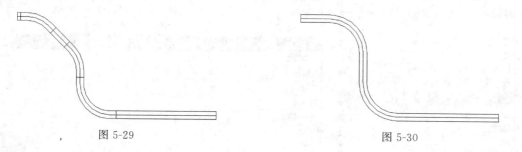

图 5-29　　　　　　　　　　　　　　图 5-30

5.3.3　线管绘制

单击"系统"选项卡→选择"线管"→在属性栏选择线管类型→选择管径和偏移量→绘制起点和终点，如图 5-31 所示。

图 5-31

除此之外，还可以通过以下两种方式弹出线管界面。

① 选择绘制区域已布置好的构件族的线管连接件，用鼠标右键点击■→在弹出的快捷菜单栏中选择"绘制线管"，如图 5-32 所示。

图 5-32

② 直接输入线管快捷键 CN。

5.3.4 线管与设备的连接

5-5 线管与设备的连接、其他注意事项

设备表面线管连接的步骤如下（以配电箱为例）。

① 选择需要连接线管的设备→在"修改｜电气设备"中选择"编辑族"，如图 5-33 所示。

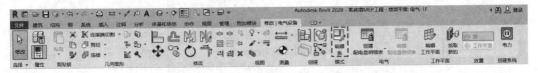

图 5-33

② 选择"创建"选项卡→点击"线管连接件"→在选项栏上选中"表面连接件"，如图 5-34 所示。

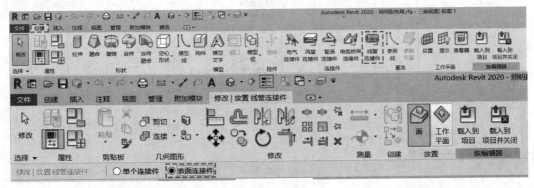

图 5-34

项目 5 建筑电气系统模型绘制

③ 单击需要放置的表面，放置线管表面连接件。线管的表面连接件显示为一个正方形，且保持默认角度为 0°，选择"载入到项目"命令，如图 5-35 所示。

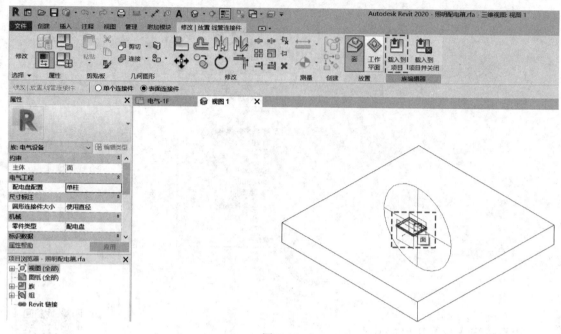

图 5-35

④ 进入"平面"视图→选中需要添加线管的设备→将鼠标移至 ✚ 处点击鼠标右键——在弹出的快捷菜单栏中选择"从面绘制线管"，如图 5-36 所示。

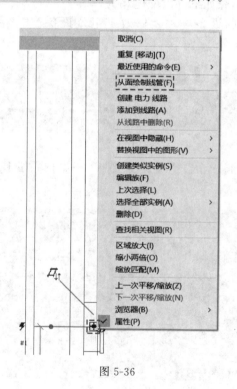

图 5-36

⑤ 进入"表面连接"编辑模式时,绘图区域左上角会显示"连接件表面"的位置→在功能区选择"移动连接件"→高亮显示→在绘图区域中的淡蓝色区域内移动线管的连接位置,可移动方向如图 5-37 所示,操作界面如图 5-38 所示。

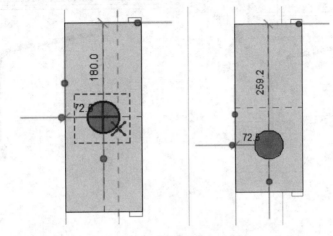

图 5-37

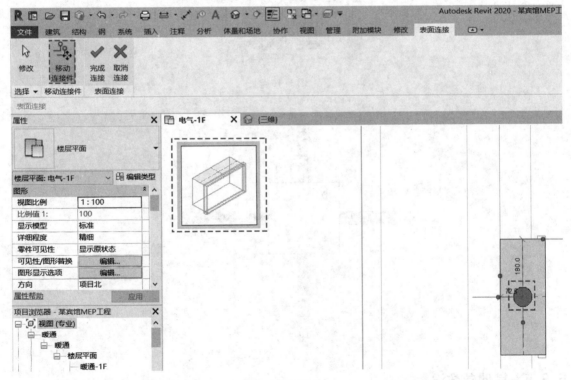

图 5-38

⑥ 单击"完成连接"→回到平面视图中沿线管的走向绘制线管→当线管与表面连接件断开连接时,连接件也会自动删除,如图 5-39 所示,操作界面如图 5-40 所示。

【说明】 接线盒是电气配管线路中管线长度、管线弯头超过规范规定的距离和弯头数量时以及管路有分支时,所必须设置的过路过渡盒,如图 5-41 所示,管线配到负荷终端是预留的盒,都是接线盒。其作用是方便穿线、分线和过渡接线。图 5-39 中方框部分则为接线盒。

项目 5 建筑电气系统模型绘制 101

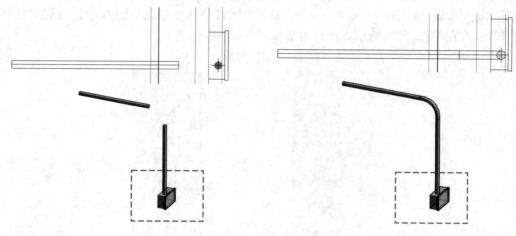

图 5-39

图 5-40

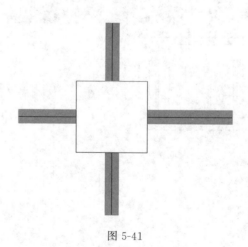

图 5-41

5.3.5 其他参数设置

（1）参数设置

① 为单线管件使用注释比例：用来控制电缆桥架配件在平面视图中的单线显示。如果勾选，将以"电缆桥架配件注释尺寸"的参数绘制桥架和桥架附件。

【注意】 修改该设置时只影响后面绘制的构件，并不会改变修改前已在项目中放置的构件的打印尺寸。

② 电缆桥架配件注释尺寸：指定在单线视图中绘制的电缆桥架配件出图尺寸。该尺寸不以图纸比例变化而变化。

③ 电缆桥架尺寸分隔符：用于显示电缆桥架尺寸的符号。如果使用"x"，宽度为 300mm、高度为 100mm，则风管将显示为"300mm×100mm"，如图 5-42 所示。

④ 电缆桥架尺寸后缀："属性"栏中尺寸后面的符号，如图 5-43 所示。

⑤ 电缆桥架连接件分隔符：指定在使用两个不同尺寸的连接件时用来分隔信息的符号，如图 5-44 所示。

(2) 升降设置

打开"电缆桥架设置"，设置"升降"，"升降"是用来控制电缆桥架标高变化时的显示。

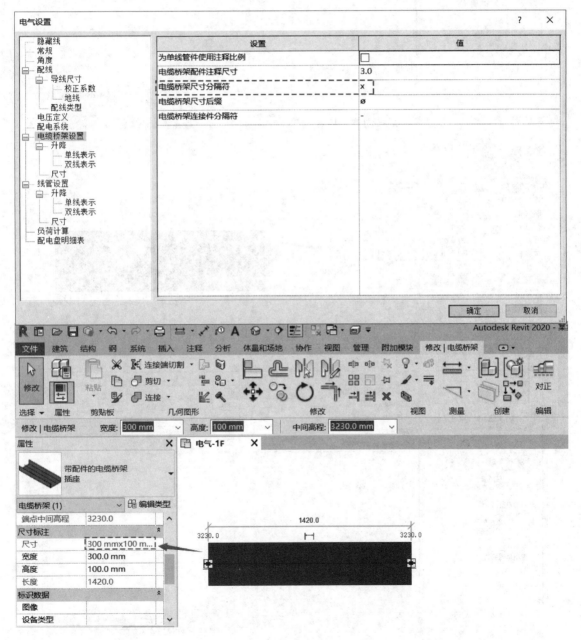

图 5-42

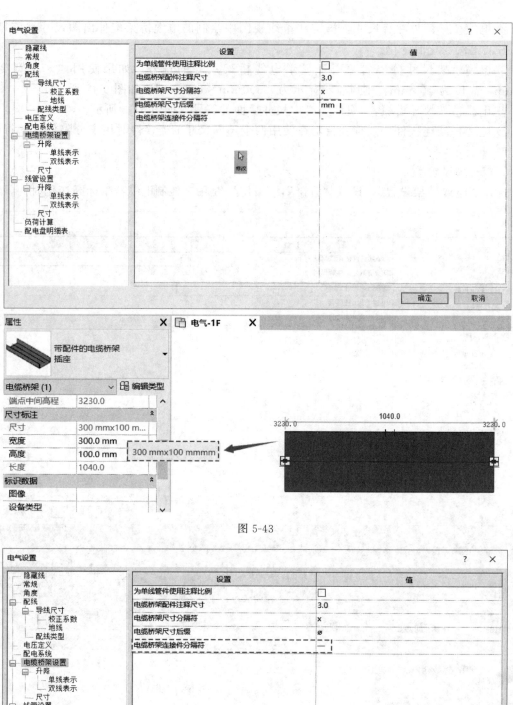

图 5-43

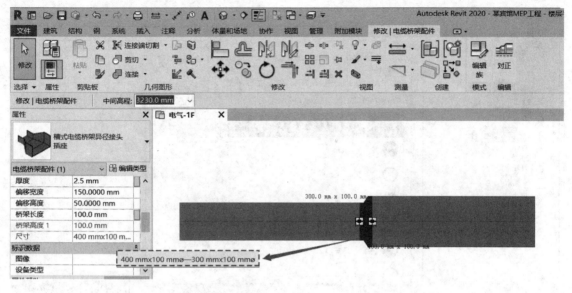

图 5-44

在左侧面板的"升降"中单击"单线表示",在单线图纸中显示升符号与降符号→在"值"列单击 ... →在弹出的"选择符号"对话框中选择所需符号→单击"确定",如图 5-45 所示。

【说明】 使用同样的方法可设置"双线表示",来定义在双线图纸中显示的升符号和降符号。

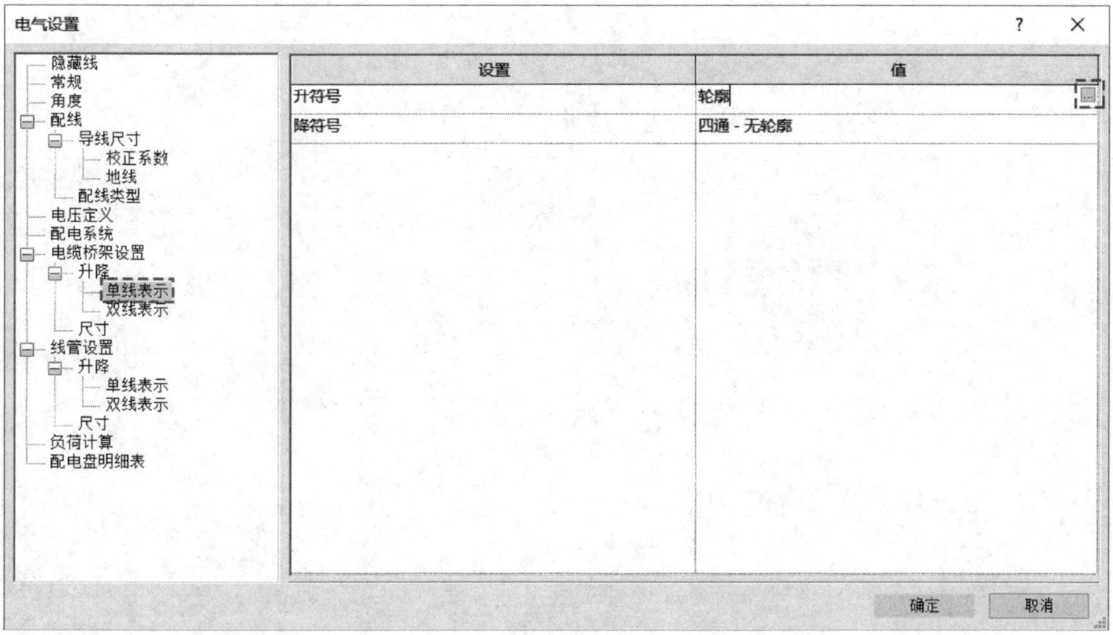

图 5-45

项目 5 建筑电气系统模型绘制

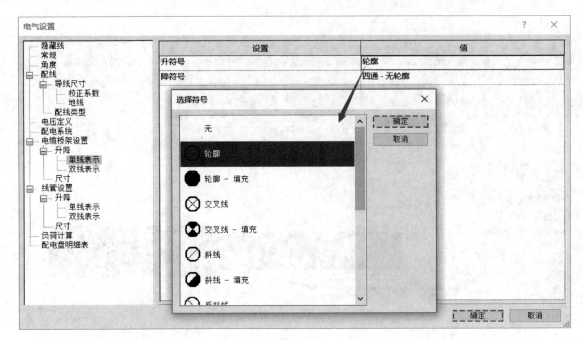

图 5-45

项目6 设备管线优化

思维导图

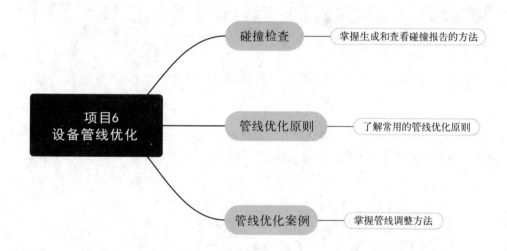

教学目标

通过学习本章设备管线优化相关内容,掌握碰撞检查的方法,熟悉常用的机电管线碰撞点处理技巧,熟悉水、暖、电三大专业之间管线优化原则,针对不同案例,分析管线碰撞情况,优化管线布置的能力。

教学要求

能力目标	知识目标	权重
掌握管线碰撞检查方法	熟悉机电内部、机电与土建之间的碰撞检查方法	30%
掌握机电专业管线优化原则	掌握碰撞处理技巧	20%
具有案例分析优化能力	掌握不同情况的管线优化方法	50%

任务 6.1 碰撞检查

6.1.1 碰撞检查简介

在建完所有机电专业模型之后,需要进行碰撞检查,找出有问题的管线并进行调整,利用 Revit 的"碰撞检查"功能就可以快速而准确地查找出项目图元之间或项目图元与链接图元之间的碰撞并加以解决。下面以"2019 BIM(1+X)中级考试第三题"案例为例,操作步骤如下。

6-1 碰撞检查

① 进入"管综"的三维视图。

② 生成管道冲突报告:单击"协作"选项→选择"碰撞检查"中的"运行碰撞检查"命令,如图 6-1 所示。

图 6-1

③ 选择图元类别:在弹出的"碰撞检查"对话框中的两个"类别来自"栏中均选择"当前项目"选项,并均选中所有复选框,单击"确定"即可生成"冲突报告",如图 6-2 所示。

图 6-2

④ 检查冲突报告：如果没有检查出碰撞，则会显示一个对话框，通知"未检测到冲突"；如果检查出碰撞，则会显示"冲突报告"对话框，该对话框会列出两两之间相互发生冲突的所有图元，如图 6-3 所示。

图 6-3

⑤ 查看冲突报告：在弹出的"冲突报告"对话框中→选择"管道"中的任一选项→单击"显示"按钮→在三维视图中可看到问题管道高亮显示，如图 6-4 所示。

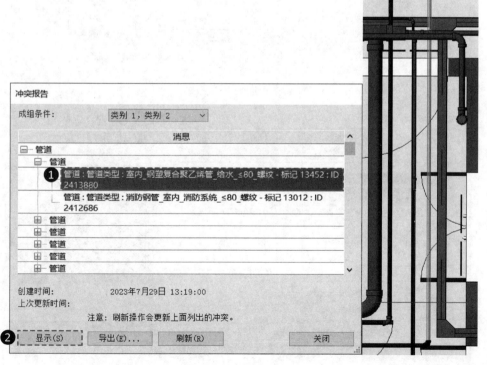

图 6-4

项目 6　设备管线优化　109

⑥ 解决冲突：在视图中直接修改该图元即可。

解决完某冲突后，在"冲突报告"对话框中单击"刷新"按钮，则会从冲突列表中删除发生冲突的图元。

【注意】 点击"刷新"仅重新检查当前报告中的冲突，不会检查其他新生成的冲突。因此在检查完所有冲突后，建议重新运行一次碰撞检查，避免产生其他新的碰撞点。

⑦ 刷新完之后继续对有问题的机电进行调整即可。

以上是机电间的碰撞，也可以检查机电与土建（结构）方面的碰撞，具体内容如图 6-5（a）所示。

碰撞结果见图 6-5（b）。

图 6-5（a）

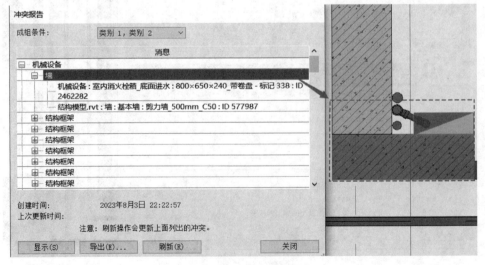

图 6-5（b）

⑧ 导出：可以生成 HTML 版本的报告。

在"冲突报告"对话框中→单击"导出"按钮→在弹出的对话框中输入名称→定位到保存报告的所需文件夹→再单击"保存"按钮。

【说明】 关闭"冲突报告"对话框后，想要再次查看生成的上一个报告，可按以下步骤进行。

单击"协作"选项→选择"碰撞检查"下拉列表中的"显示上一个报告"，如图 6-6 所示，该功能不会重新运行碰撞检查。

图 6-6

6.1.2 碰撞优化技巧

在管线综合优化之前，要有一个管线空间布局的大局观。要了解每个系统大概的空间高度。有了这些定位后开始调整管线，就会减少许多不必要的重复性工作。

（1）在 Revit 中进行碰撞检查

① 在刚开始的时候要有针对性地进行碰撞检查。首先针对大管线和建筑结构的调整。一般情况下管线和建筑的碰撞可以先不考虑，首先考虑和结构的碰撞。

② 在 Revit 碰撞检查时，可以在弹出的"碰撞检查"对话框中勾选所需构件进行过滤。

③ 然后根据碰撞报告逐步修改碰撞。修改的时候要有先后顺序，这样可以避免一些进行重复性工作。

④ 设备管线与结构的碰撞基本解决后即可开始调整管线和管线之间的碰撞。

⑤ 有的时候会显示找不到合适的视图，这时只要在三维模型中任意地旋转一下视图即可。

优化管线常用的视图命令有：临时隐藏/隔离命令（HI/HH/HR）、编辑类命令（SL/TR/AL/CS/MA）等，具体可参考附录，大家可以根据自己的需要重新编辑快捷键，方便使用。

（2）在 Revit 中修改碰撞点

① 首先修改管径较大的管线。先确定风管，因为风管占用空间较大，当然在修改的时候除管径较大的风管要考虑外，管径较大的管道、电缆桥架也需要考虑。

② 为方便选择、修改，一般情况下修改碰撞选择在三维视图中进行。

任务 6.2　管线优化原则

管线综合、设计优化的避让原则如下。

① 大管优先。由于小管道造价低、易安装，而大截面、大直径的管道，如空调通风管道、排水管道、排烟管道等占据的空间较大，所以在平面图中应优先布置。

② 临时管线避让长久管线。

③ 有压让无压。无压管道，如生活污水排水管道、粪便污水排水管道、雨排水管道、冷凝水排水管道都是靠重力排水，因此，水平管段必须保持一定的坡度，是顺利排水的必要和充分条件，所以在与有压管道交叉时，有压管道应避让。

④ 金属管道避让非金属管道，原因是金属管道较容易弯曲、切割和连接。

⑤ 冷水避让电气。在冷水管道垂直下方不宜布置电气线路。

⑥ 电气避让热水。在热水管道垂直下方不宜布置电气线路。

⑦ 消防水管避让冷冻水管（同管径），原因是冷冻水管有保温，有利于施工。

⑧ 低压管避让高压管，原因是高压管造价高。

⑨ 强弱电分设。由于弱电线路如电信、有线电视、计算机网络和其他建筑智能线路易受强电线路电磁场的干扰，因此强电线路与弱电线路不应敷设在同一个电缆槽内，而且留一定距离。

⑩ 附件少的管道避让附件多的管道。这样有利于施工和检修，更换管件。各种管线在同一处布置时，应尽可能做到呈直线、互相平行、不交错，还要考虑预留出施工安装、维修更换的操作距离，以及设置支、柱、吊架的空间等。

⑪ 电缆桥架等管线在最上面，风管和水管在下方。

⑫ 满足所有管线、设备的净空高度的要求。

⑬ 在满足设计要求、美观要求的前提下尽可能节约空间。

⑭ 优化管线的原则可参考各个专业的设计规范。

任务 6.3　管线优化案例

以"2019 BIM（1+X）中级考试第三题"为例，常见的碰撞问题如下。

① 当出现标高、位置错误以及缺、漏项时：应优化原设计，调整部分管路走向甚至对系统局部调整。

② 当出现安装空间不够，局部交叉时：应调整原设计、预留管线交叉空间。

6-2　线管优化案例

③ 当出现图纸表达受限、示意性画法时：应增加大样，说明中补充、明确避让原则。

④ 当同一标高的管道发生碰撞时：应进行管道翻弯，与桥架类似。如图 6-7 所示，可按以下步骤修改。

【步骤】　单击"修改"选项→选择"编辑"中的拆分（或使用快捷键 SL）→在发生碰撞的两侧单击→调整中间管道标高，如图 6-8 所示。

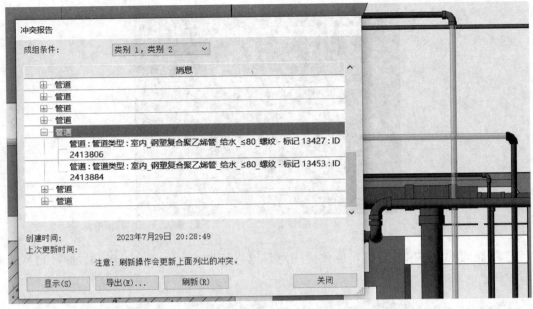

图 6-7

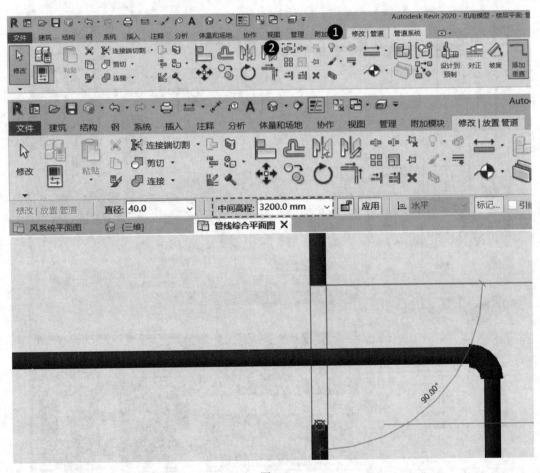

图 6-8

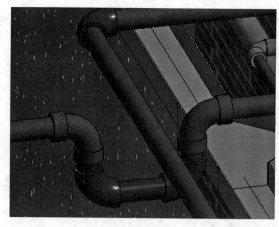

图 6-8

⑤ 检测到管道和风管碰撞，应该优先对管道进行调整，如图 6-9 所示，此处可修改管道的标高。

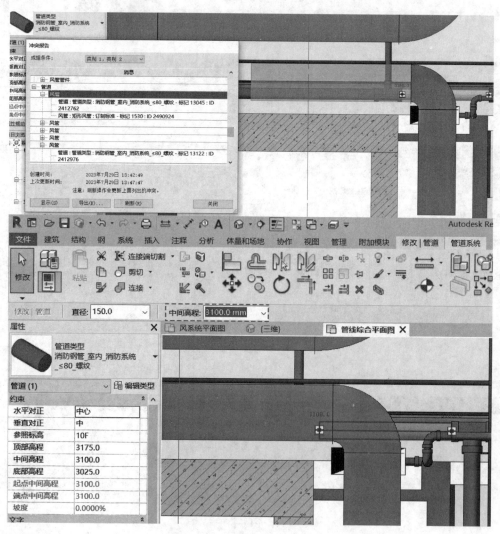

图 6-9

项目7　工程量统计

思维导图

教学目标

通过学习本项目工程量统计相关内容,掌握长度类明细表和设备个数类明细表的创建方法,熟悉明细表的导出方法。

教学要求

能力目标	知识目标	权重
掌握明细表的参数设置方法	掌握明细表的创建方法	60%
掌握导出不同格式明细表的方法	掌握明细表导出方法	40%

任务 7.1　创建实例明细表

模型创建完后，往往需要对项目中的一些信息进行统计。对于机电专业，主要统计管线长度、设备数量等。

7.1.1　管线长度统计

（1）风管的统计

① 新建风管明细表：单击"视图"选项→单击"明细表"中的"明细表/数量"→在弹出的"新建明细表"对话框中的"过滤器列表"栏中选择"机械"选项→在"类别"栏中选择"风管"选项→单击"确定"，如图 7-1 所示。

7-1　管线长度统计

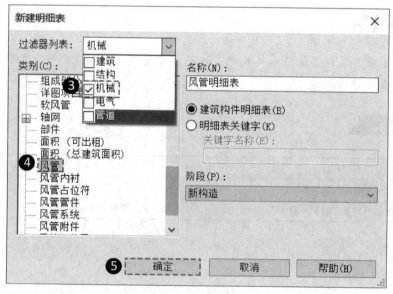

图 7-1

② 设置明细表字段属性：在上一步弹出的"明细表属性"对话框中选择"尺寸"→单击"添加参数"即可添加到"明细表字段"栏中→照此方法依次将"类型""长度"添加进去→单击"确定"，如图 7-2 所示。

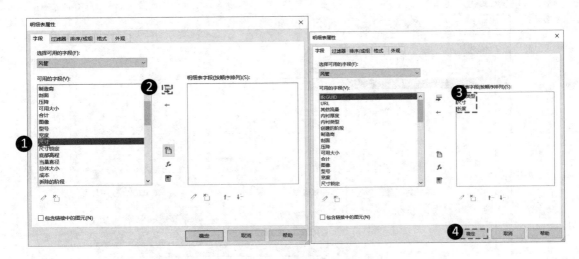

图 7-2

③ 设置明细表排序属性：继上一步，在"明细表属性"面板中单击"排序/成组"选项→在"排序方式"栏中选择"系统类型"→在"否则按"栏中选择"尺寸"→去掉"逐项列举每个实例"复选框的勾选→单击"确定"，如图 7-3 所示。

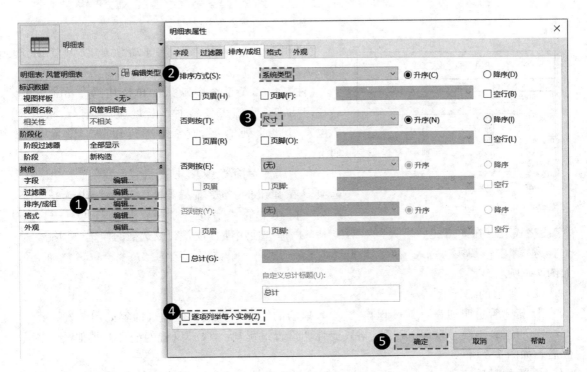

图 7-3

④ 设置明细表格式属性：继上一步，单击"格式"选项→在"字段"栏中选择"长度"字段→切换为"计算总数"选项，如图 7-4 所示。

项目 7 工程量统计 **117**

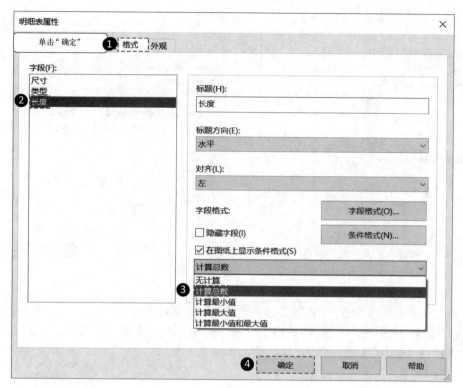

图 7-4

<风管明细表>		
A	B	C
系统类型	尺寸	长度
01送风管	150ø	10139
01送风管	200x280	19416
01送风管	200ø	11408
01送风管	250ø	5842
01送风管	280x280	36370
01送风管	300x200	23687
01送风管	355x280	13422

图 7-5

【说明】 之后软件将会自动生成＜风管明细表＞，如图 7-5 所示。

【注】 Revit 系统中默认的单位均为“mm”，但是在出明细表为施工备料时，长度应该是以“m”为单位，因此此处需要对格式进行设置，设置步骤如下。

在“属性”面板中单击“格式”旁边的“编辑”选项→在弹出的“明细表属性”对话框中选择“格式”→在其中的“字段”栏中选择“长度”→单击“字段格式”→在弹出的“格式”对话框中→去掉“使用项目设置”复选框的勾选→切换“单位”为“米”→切换“舍入”为“2 个小数位”→切换“单位符号”为“m”→单击“确定”，如图 7-6 所示。

（2）管道的统计

① 新建管道明细表：其过程与“（1）风管的统计”类似，但勾选内容如图 7-7 所示。

② 明细表字段、排序/成组、格式属性的设置过程与“（1）风管的统计”类似，设置完成后，如图 7-8 所示。

③ 添加材质字段：在同一项目中，如果同一系统、同一管径有不同材质的管道，则可以加上“材质字段”，以便区分，添加的具体方法如下。

在“属性”面板中单击“格式”旁边的“编辑”选项→在“字段”选项卡添加“材质”→在“排序/成组”选项卡按照“系统类型”“材质”“尺寸”的顺序排序→单击“确定”，如图 7-9 所示。

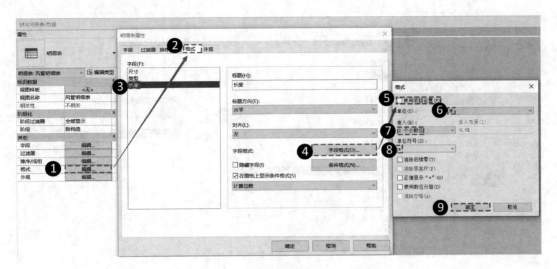

图 7-6

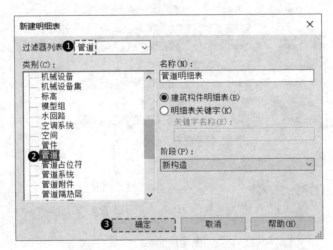

图 7-7

图 7-8

项目 7 工程量统计

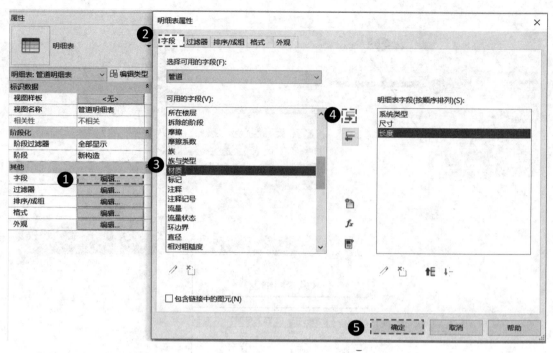

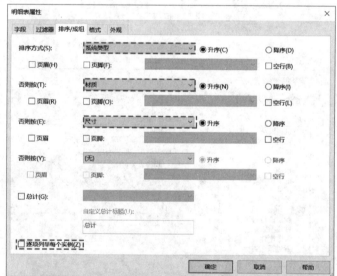

图 7-9

(3) 电缆桥架的统计

① 新建电缆桥架明细表：其过程与"（1）风管的统计"类似，但勾选内容如图 7-10 所示。

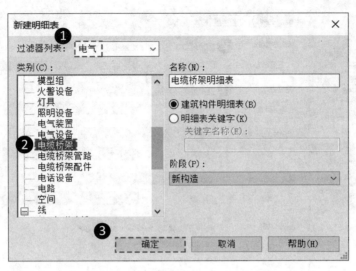

图 7-10

② 设置明细表字段属性：如图 7-11 所示。

图 7-11

③ 设置明细表排序属性：如图 7-12 所示。

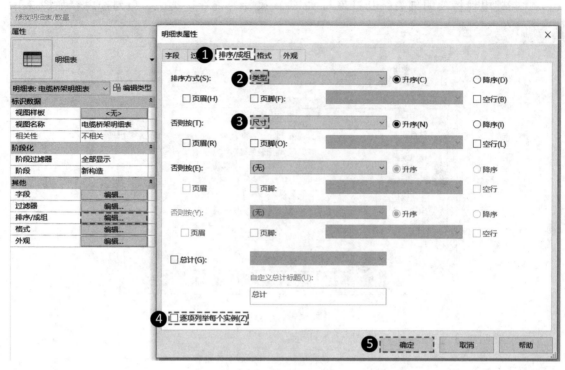

图 7-12

④ 设置明细表格式属性：与"风管的统计"的步骤一致，切记要把单位换成"m"，如图 7-13 所示。

〈电缆桥架明细表〉		
A	B	C
类型	尺寸	长度
04E_槽式_火灾报警	50 mm×25 mm	7.24 m
04E_槽式_火灾报警	100 mm×50 mm	104.45 m

图 7-13

7.1.2 统计设备数量

7-2 统计设备数量、技术应用技巧

统计设备数量时，在明细表的"可用字段"中必须选择"合计"字段，并且要对"合计"字段进行总数的计算。

（1）单类别设备个数的统计（以建立机械设备的明细表为例）

① 新建机械设备明细表：单击"视图"选项→单击"明细表"中的"明细表/数量"→在弹出的"新建明细表"对话框中的"过滤器列表"栏中选择"机械"选项→在"类别"栏中选择"机械设备"选项→单击"确定"，如图 7-14 所示。

② 设置明细表字段属性：在上一步弹出的"明细表属性"对话框中→将"族与类型""合计"添加进去→单击"确定"，如图 7-15 所示。

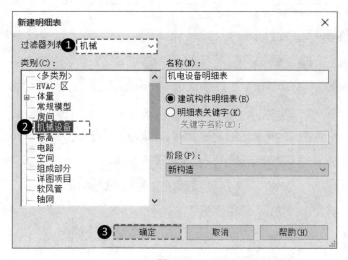

图 7-14

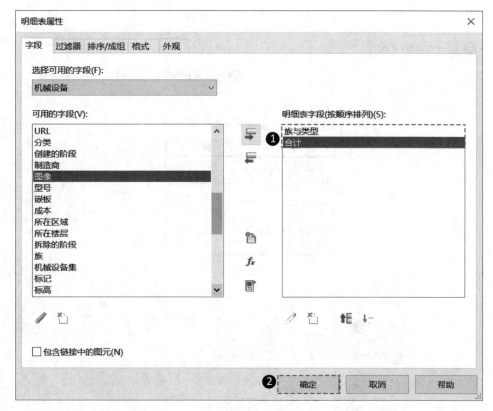

图 7-15

③ 设置明细表排序属性：继上一步，在"明细表属性"面板中单击"排序/成组"选项→在"排序方式"栏中选择"族与类型"选项→选择"升序"→去掉"逐项列举每个实例"复选框的勾选→单击"确定"，即可自动生成明细表，如图 7-16 所示。

(2) 多类别设备数量的统计

① 新建多类别明细表：单击"视图"选项→单击"明细表"中的"明细表/数量"→在弹出的"新建明细表"对话框中选择〈多类别〉选项→单击"确定"，如图 7-17 所示。

项目 7 工程量统计 123

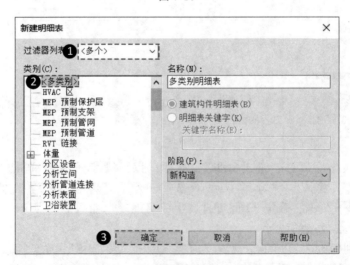

图 7-16

图 7-17

② 设置明细表字段属性：在上一步弹出的"明细表属性"对话框中→将"类别""族与类型""合计"3个字段添加到"明细表字段"→单击"确定"，如图 7-18 所示。

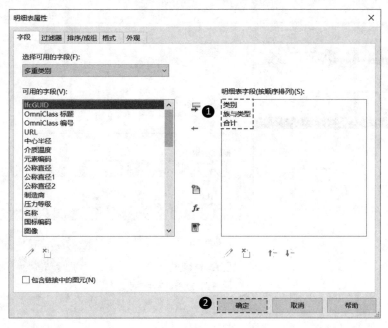

图 7-18

③ 设置明细表排序属性：继上一步，在"属性"面板中单击"排序/成组"选项→在"排序方式"栏中选择"类型"选项→在"否则按"栏中选择"族与类型"→去掉"逐项列举每个实例"复选框的勾选→单击"确定"，如图 7-19 所示。

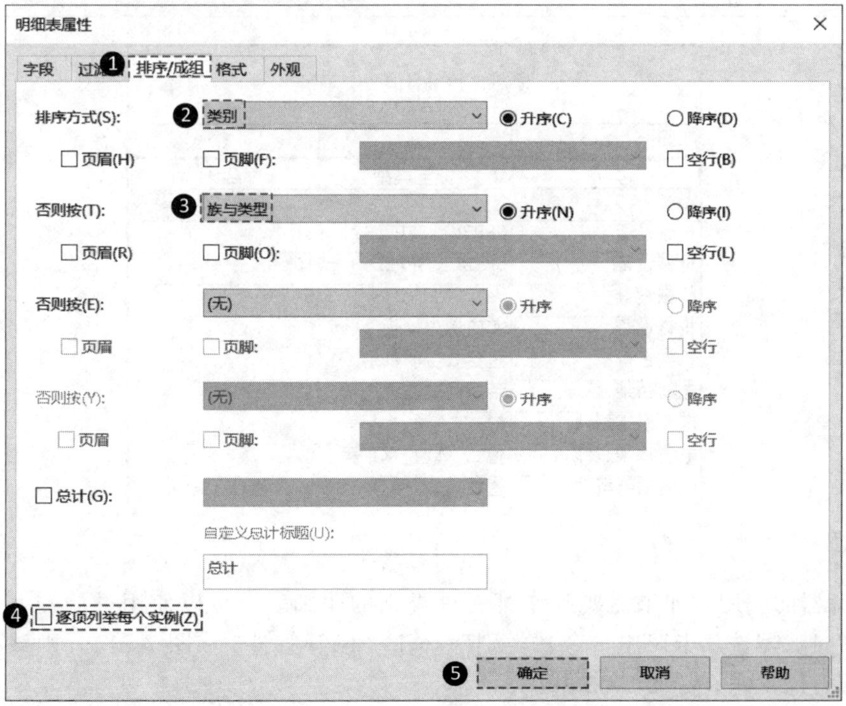

图 7-19

④ 设置明细表格式属性：在"格式"栏中选择"合计"→将其切换成"计算总数"→单击"确定"，即可自动生成明细表，如图 7-20 所示。

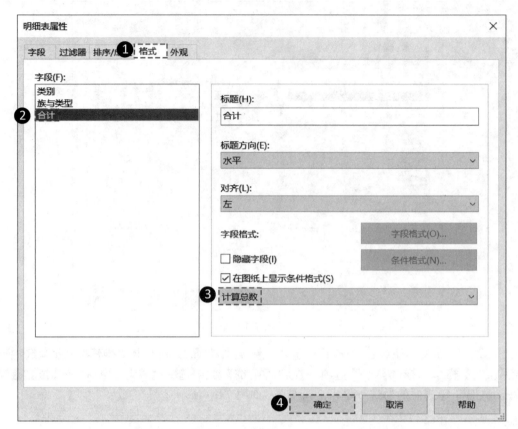

图 7-20

⑤ 过滤器的应用：如果需要制作某一种类别的明细表，可以使用过滤器，以风管管件为例，在"过滤器选项卡"中，令"类别"等于"风管管件"（图 7-21），则该类别的明细表就被单独过滤出来，如图 7-22 所示。

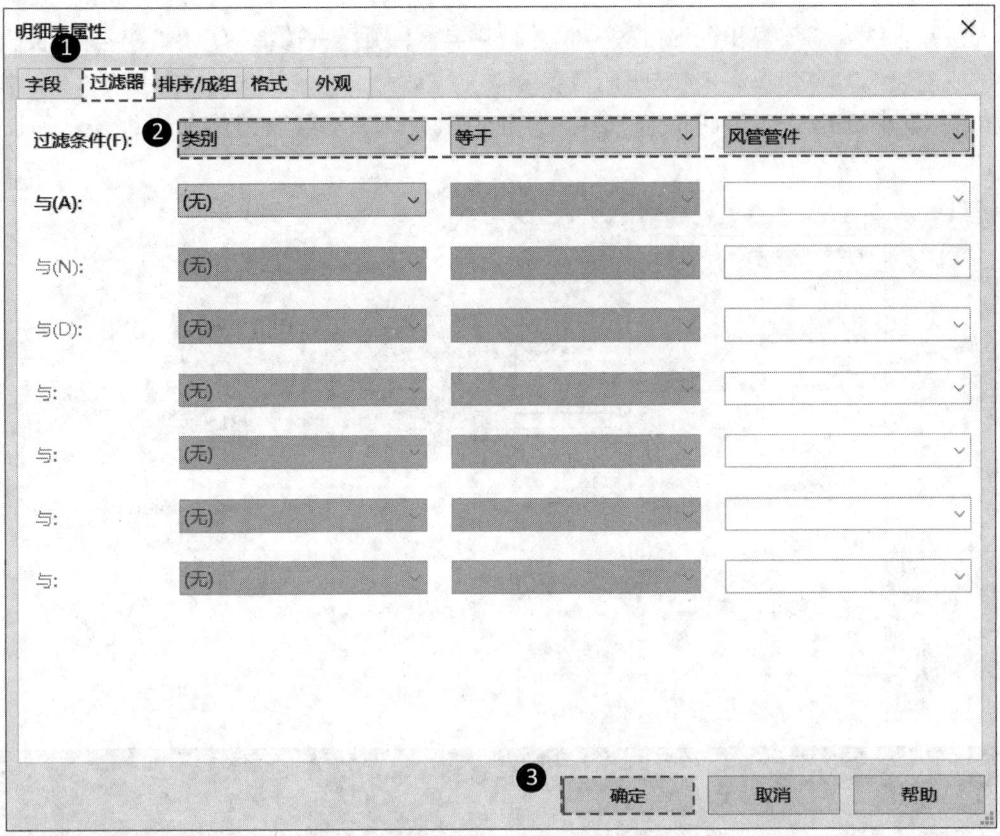

图 7-21

\<多类别明细表\>		
A	B	C
类别	族与类型	合计
风管管件	T三通_圆形_异径同	4
风管管件	天方地圆 - 角度 -	12
风管管件	弯通_圆形_弧形等	3
风管管件	矩形 T 形三通 -	31
风管管件	矩形变径管 - 角度	5
风管管件	矩形四通 - 弧形 -	4
风管管件	矩形弯头 - 半径 -	39
风管管件	过渡件_圆形_变径:	4
风管管件	过渡件_天圆地方1:	16

图 7-22

项目 7 工程量统计

任务7.2 明细表导出

方法一：选择需要导出的明细表→单击应用菜单 文件 →选择"导出"中的"报告"→点击"明细表"，即可导出→将导出的数据复制到 Excel 表格中→复制 Excel 表格中的数据→通过在 CAD 中进行"选择性粘贴"操作并选择在 CAD 中可以编辑的明细表，如图 7-23 所示。

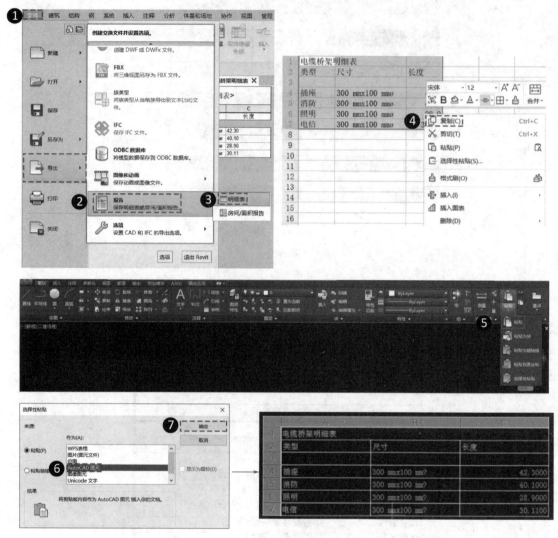

图 7-23

方法二：将明细表拖进 REVIT 图纸中，将图纸导出为 DWG 格式文件，可进入 CAD 图纸空间中找到已经导出的明细表。

项目8 CAD出图和协同工作

思维导图

教学目标

通过学习本项目 CAD 出图和协同工作相关内容，掌握过滤器的应用方法，学会运用视图样板快速创建各个专业视图，熟悉图纸导出方法，了解项目协同工作的设置方法和步骤。

教学要求

能力目标	知识目标	权重
掌握过滤器创建方法	理解过滤器的概念和应用方法	40%
掌握通过视图样板导出图纸的方法	理解视图样板的设置目的	40%
学会运用协同工具为项目服务	掌握项目协同工作设置方法	20%

任务 8.1 分专业出平面图

对于机电专业来说，在开始设计前必须建立一套较为完善的管线系统，如给排水专业包括给水系统、排水系统、消火栓系统、喷淋系统等，不同系统的管线使用不同颜色，以便区分，并放到不同视图，便于后期处理 CAD 图纸。

但是对于初学者来说这些概念和功能很难理解，因此本书在项目 3～项目 5 中建模时直接用到了教材配套的项目样板。相关的视图、系统类型、过滤器均已经设置好。

当读者已掌握了较熟练的建模技能之后，再去理解本项目的概念就会更容易一些，后期如需新建其他管线系统，可根据本项目进行操作。

8.1.1 系统类型创建

本小节在软件自带的"机械样板"的基础上，创建新的系统类型。
（1）生成"新风"系统
选择"项目浏览器"面板中"族"的"风管系统"中的"风管系统"选项→用鼠标左键点击"送风"系统→用鼠标左键在弹出的快捷菜单中选择"复制"→将复制的"送风 2"系统重名为"新风"，如图 8-1 所示。

8-1 系统类型创建、过滤器的应用

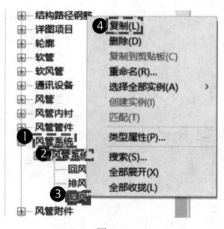

图 8-1

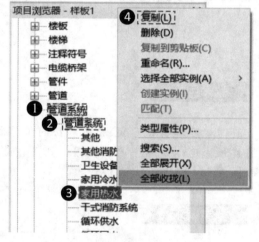

图 8-2

（2）生成"采暖供水管"系统
选择"项目浏览器"面板中"族"的"管道系统"中的"管道系统"选项→用鼠标左键点击"家用热水"系统→用鼠标左键在弹出的快捷菜单中选择"复制"→将复制的"家用热水 2"系统重名为"采暖供水管"，如图 8-2 所示。

【注意】 其他管道系统的生成类似于采暖供水管，但"给水管"系统复制的是"家用冷水"，"污水管"系统复制的是"卫生设备"。

（3）生成"插座"电缆桥架
输入快捷键 CT→在"属性"面板中单击"编辑类型"→在"类型属性"对话框中单击"复制"→将"名称"改为"插座"→单击两次"确定"，如图 8-3 所示。

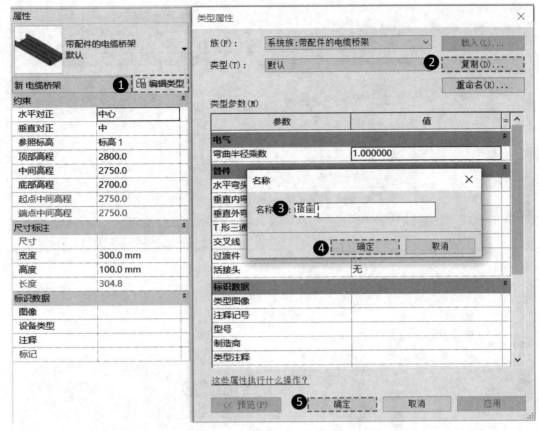

图 8-3

（4）生成"照明""消防""电信"电缆桥架

其步骤与生成"插座"电缆桥架一致。

8.1.2 过滤器的应用

通过建立"过滤器"，能够根据需要将图元进行逻辑分类，以便来帮助人们区别不同类型的构件。例如：在管道系统中存在给水与排水两种用途不同的系统管道，在布置管道的时候相互交错会影响判断，那么就需要通过隐藏一部分或者某一系统类型管道，或者通过设置不同系统类型的颜色进行区分。

"过滤器"的设置可以将用户从众多类型的图元中"解救"出来，通过过滤器设置（管道、管件、附件、弯头等），精确识别，提高效率。本小节中的过滤器将在"1-机械"视图中创建。

① 新建"新风"过滤器。

按快捷键 VV，或在"视图"选项里的"可见性/图形"选项中可打开"过滤器"→在"过滤器"对话框中，单击"编辑/新建"选项→在弹出"过滤器"对话框中点击"新建"，随后在"名称"栏中输入"新风"→单击"确定"按钮，返回对话框→在"过滤器"栏中选择"新风"选项→在"过滤器列表类别"栏选择"风管""风管管件""风管附件""风管隔热层""风道末端"类别→在"过滤条件"中依次选择"系统类型""等于""风"选项→单击"确定"，如图 8-4 所示。

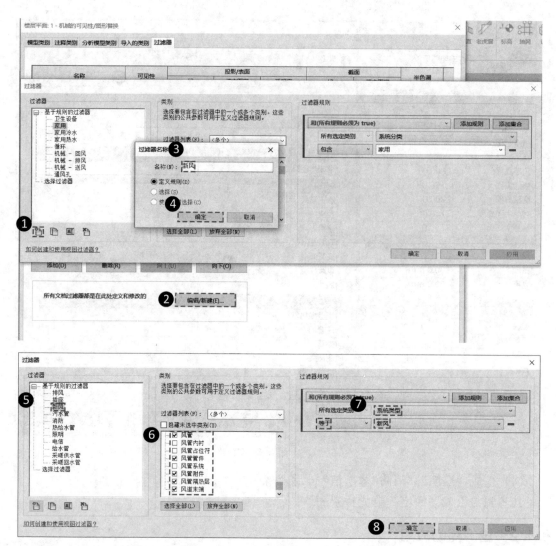

图 8-4

② 新建"排风"过滤器：与新建"新风"过滤器过程一致，区别是在"过滤条件"中依次选择"系统类型""等于""排风"选项，如图 8-5 所示。

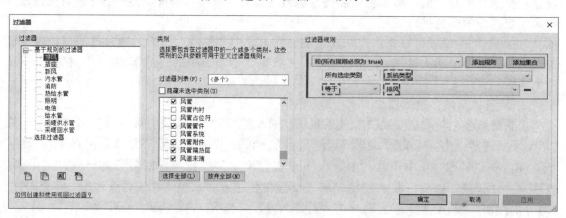

图 8-5

③ 新建"采暖供水管"过滤器：与新建"新风"过滤器过程一致，但其勾选内容如图 8-6 所示。

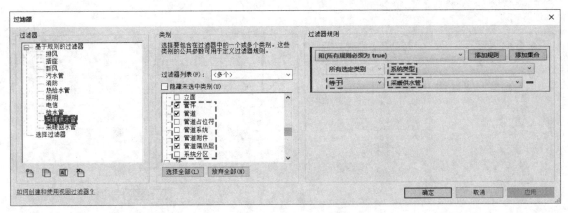

图 8-6

④ 新建"采暖回水管"过滤器：与新建"采暖供水管"过滤器过程一致，但其勾选内容如图 8-7 所示。

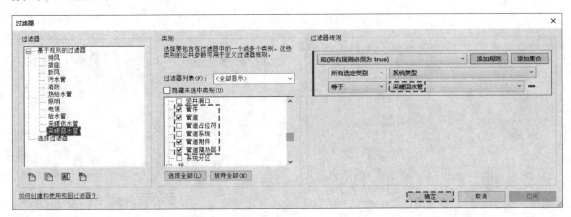

图 8-7

⑤ 新建"给水管"过滤器：与新建"采暖供水管"过滤器过程一致，但其勾选内容如图 8-8 所示。

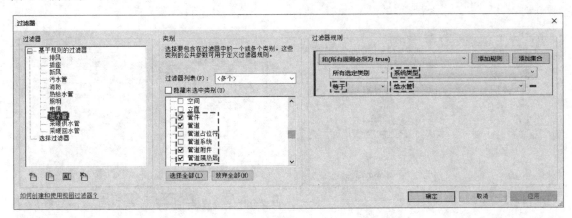

图 8-8

⑥ 新建"热给水管"过滤器：与新建"采暖供水管"过滤器过程一致，但其勾选内容如图 8-9 所示。

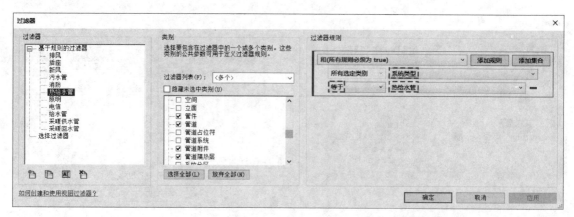

图 8-9

⑦ 新建"污水管"过滤器：与新建"采暖供水管"过滤器过程一致，但其勾选内容如图 8-10 所示。

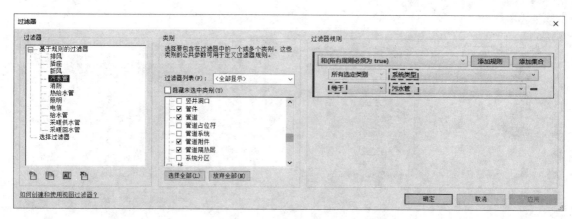

图 8-10

⑧ 新建"插座"过滤器：与新建"新风"过滤器过程一致，注意在电气专业中，所有选定类别应为"类型名称"，与水和风专业有所区别，如图 8-11 所示。

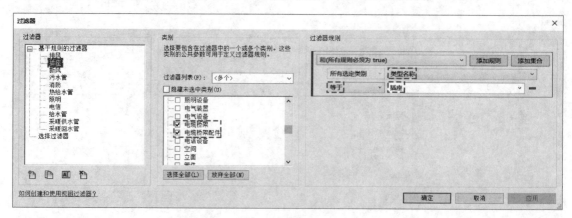

图 8-11

⑨ 新建"照明"过滤器：与新建"插座"过滤器过程一致，但其勾选内容如图 8-12 所示。

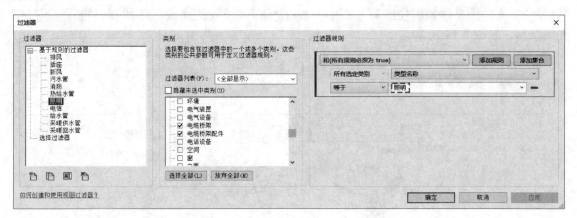

图 8-12

⑩ 新建"消防"过滤器：与新建"插座"过滤器过程一致，但其勾选内容如图 8-13 所示。

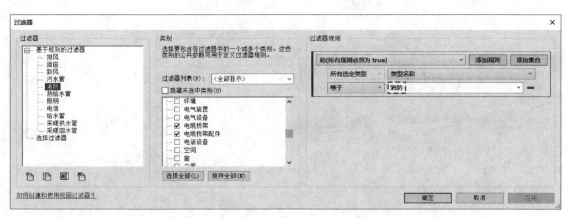

图 8-13

⑪ 新建"电信"过滤器：与新建"插座"过滤器过程一致，但其勾选内容如图 8-14 所示。

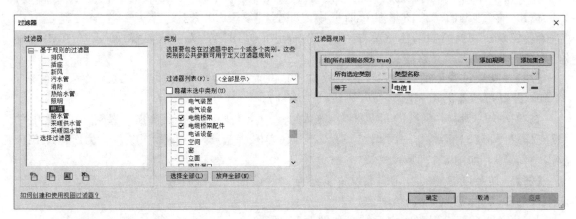

图 8-14

⑫ 添加过滤器。

在"楼层平面：1-机械的可见性/图形替换"对话框中单击"添加"按钮→在弹出的"选择一个或多个要插入的过滤器"栏中→选择所有已经创建完成的过滤器→单击"确定"完成操作，如图 8-15 所示。

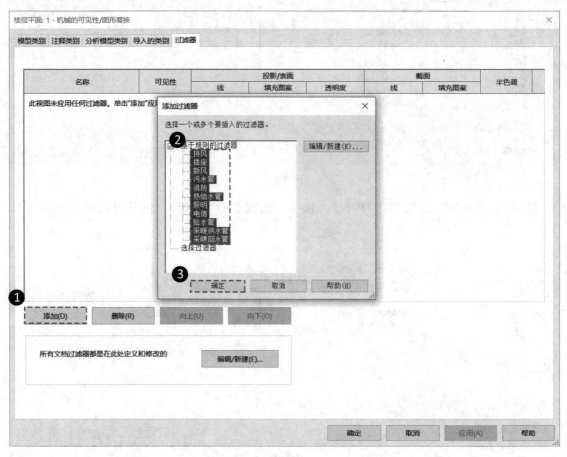

图 8-15

⑬ 设置过滤器的线样式（以"新风"为例）。

在"楼层平面：1-机械的可见性/图形替换"对话框中的"投影/表面"栏下方单击"替换"按钮→在弹出的"线图形"对话框中→设置"线"的"宽度"为"1"→"颜色"由"〈无替换〉"切换所需颜色→单击"确定"→"填充图案"为"〈无替换〉"→单击"确定"，如图 8-16 所示。

【注】 其余过滤器的线样式设置步骤与"⑬设置过滤器的线样式"一致。

⑭ 设置过滤器的填充图案（以"新风"为例）。

在"楼层平面：1-机械的可见性/图形替换"对话框中单击"替换"按钮→在弹出的"填充样式图形"对话框中→"填充图案"为"〈实体填充〉"→设置"颜色"为所需颜色→单击"确定"，如图 8-17 所示。

【注】 其余过滤器的填充图案设置步骤与"⑭设置过滤器的填充图案"一致，但是填充图案颜色和线样式颜色应保持一致。

⑮ 过滤器全部设置完成之后结果如图 8-18 所示。

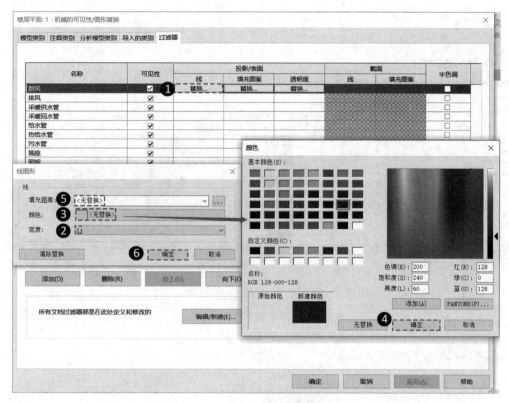

图 8-16

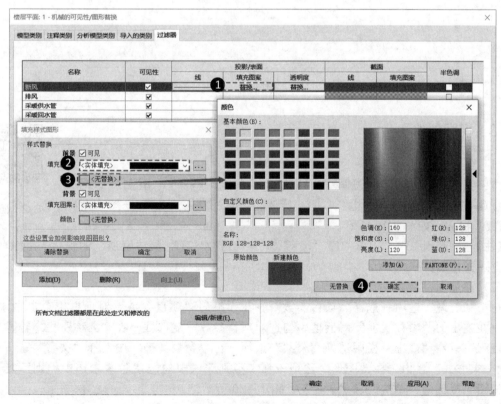

图 8-17

项目 8 CAD 出图和协同工作 137

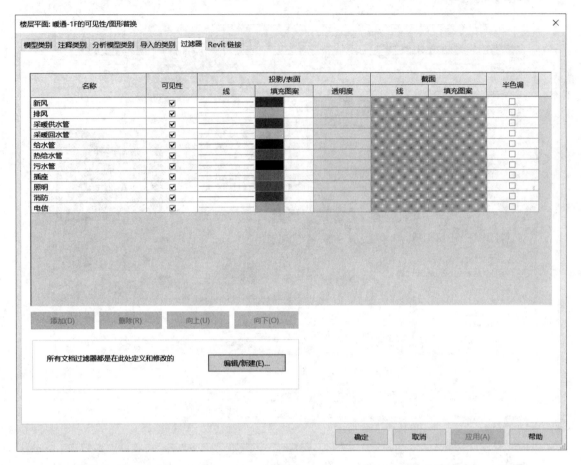

图 8-18

8.1.3 视图创建

（1）创建视图

将已经创建好过滤器的视图"1-机械"复制 4 个→将 4 个复制后的视图依次重命名为"暖通-1F""电气-1F""管综-1F""给排水-1F"→然后删除"1-机械"视图，如图 8-19 所示。

8-2 视图创建、创建视图样板

【注】 "暖通-2F""电气-2F""管综-2F""给排水-2F"及"屋顶"的视图与上述操作步骤一致。

（2）添加项目参数

单击"管理"选项→选择"项目参数"→在弹出的"项目参数"对话框中单击"添加"按钮→在弹出的"参数属性"对话框中勾选"项目参数"复选框→在"名称"栏中输入"二级子规程"→在"规程"栏中选择"公共"选项→在"参数类型"中选择"文字"选项→在"参数分组方式"栏中选择"图形"选项→在"类别"栏中勾选"隐藏未选中类别"复选框和"视图"复选框→单击两次"确定"，如图 8-20 所示。

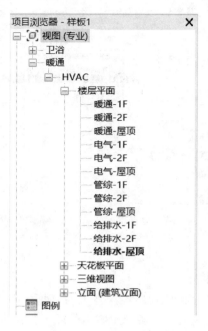

图 8-19

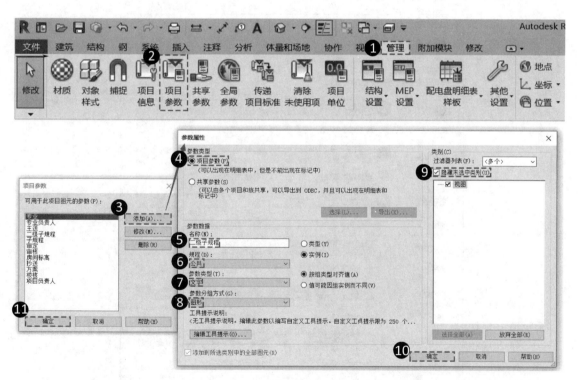

图 8-20

(3) 设置浏览器组织

右击"项目浏览器"中"视图(专业)"选项→用鼠标右键在弹出的快捷菜单中选择"浏览器组织"→在弹出的"浏览器组织"对话框中勾选"专业"复选框→单击"编辑",如图 8-21 所示。

项目 8 CAD 出图和协同工作

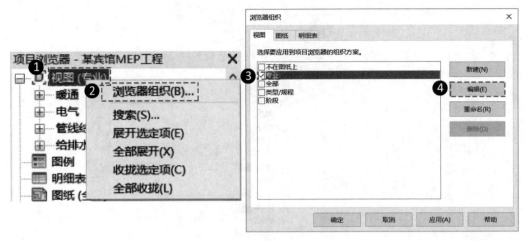

图 8-21

(4) 设置浏览器组织属性

继上一步操作,在弹出的"浏览器组织属性"对话框中→选择"成组和排序"→在"成组条件"栏中选择"子规程"→在"否则按"栏中选择"二级子规程"→在"否则按"栏中选择"族与类型"→单击"确定",如图 8-22 所示。

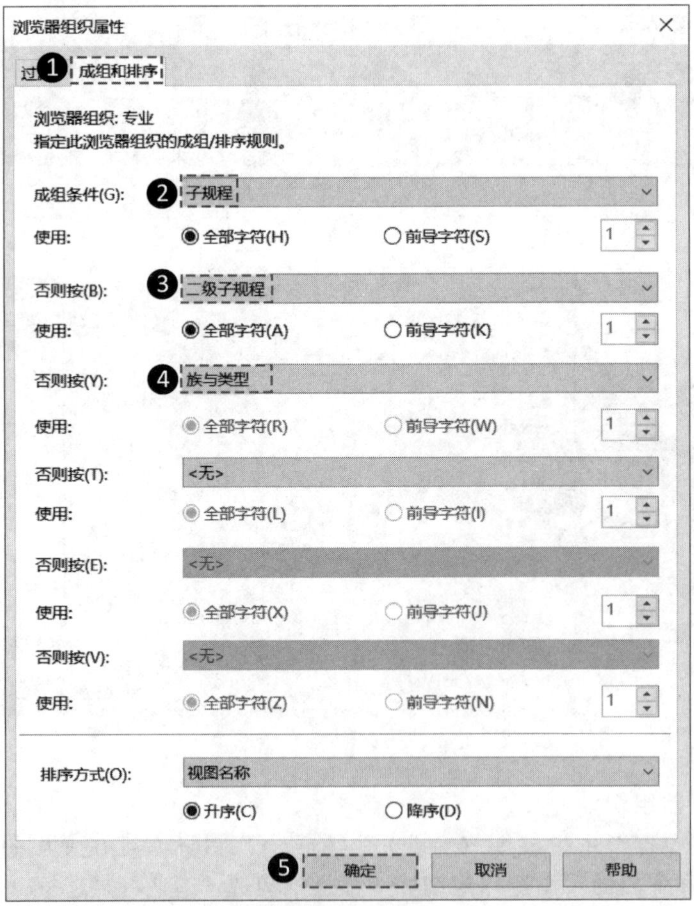

图 8-22

【注】 由于软件自带的排序方式不是设计师做项目所需的方式,因此此处需要自己设排序方式,这样就可以将暖通专业、给排水专业及电气专业分开。

8.1.4 创建视图样板

视图样板用于创建、编辑或将标准化设置应用于视图。它是视图属性,例如视图比例、规程、详细程度以及可见性设置的集合,这些属性对于视图类型是公共的。使用视图样板可以标准化项目中视图的设置。

① 创建"暖通"视图样板。

a. 单击"视图"选项→选择"视图样板"中的"从当前视图创建样板"命令→在弹出的"新视图样板"对话框"名称"栏中输入"暖通"→单击"确定",如图8-23所示。

图 8-23

b. 在弹出的"视图样板"对话框的"名称"栏中选择"暖通"视图样板→依次取消"V/G替换导入""方向""阶段过滤器""颜案方案位置""颜色方案""系统颜色方案""截剪裁"复选框的勾选→在"专业"栏中输入HVAC→在"二级子规程"栏中输入"暖通"→单击"确定",如图8-24所示。

【注】 "V/G替换导入"是设置"可见性/图形替换"的"导入类别",由于不同视图样板下的需求不同,所以不勾选此复选框;同理,不勾选"方向""阶段过滤器""颜色方案位置""颜色方案""系统颜色方案""截剪裁"复选框的目的也是如此,不同视图样板的需求不同。

② 创建"给排水"视图样板。

a. 单击"视图"选项→选择"视图样板"中的"管理视图样板"命令→在弹出的"视图样板"对话框中选择"暖通"视图样板——单击"复制"→在弹出"新视图样板"对话框的"名称"栏中输入"给排水"→单击"确定",如图8-25所示。

b. 选择"给排水"视图样板→在"专业"二级栏中输入"给排水"→在"二级子规程"

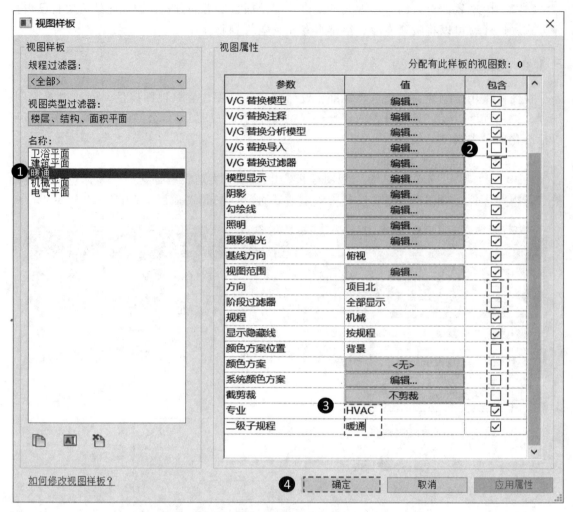

图 8-24

栏中也输入"给排水"→单击"确定",如图 8-26 所示。

③ 创建"电气"视图样板:其步骤与创建"给排水"视图样板一致。

④ 创建"管综"视图样板:其步骤与创建"给排水"视图样板一致,但是需要在"管综"视图样板中的"专业"栏中输入"管线综合",在"二级子规程"栏中输入"管综",如图 8-27 所示。

⑤ 创建"三维"视图样板:其步骤与创建"给排水"视图样板一致,但是需要在"三维"视图样板中依次取消"阴影""勾绘线""照明""摄影曝光""基线方向"复选框的勾选;除此之外,在"专业"栏中输入"管线综合",在"二级子规程"栏中输入"管综",如图 8-28 所示。

⑥ 修改"暖通"视图样板。

单击"视图"选项→选择"视图样板"中的"管理视图样板"命令→在弹出的"视图样板"对话框中选择"暖通"视图样板→在"V/G 替换过滤器"栏中单击"编辑"按钮→在弹出的"暖通的可见性/图形替换"对话框中选择"过滤器"选项卡→依次勾选"新风""排风""采暖供水管""采暖回水管"复选框→单击"确定",如图 8-29 所示。

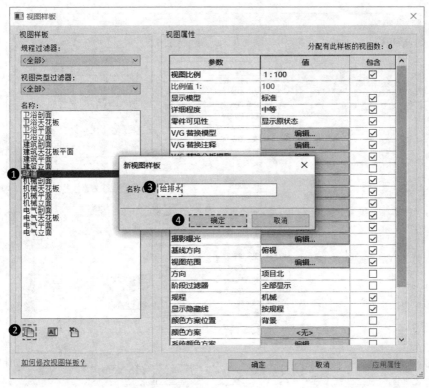

图 8-25

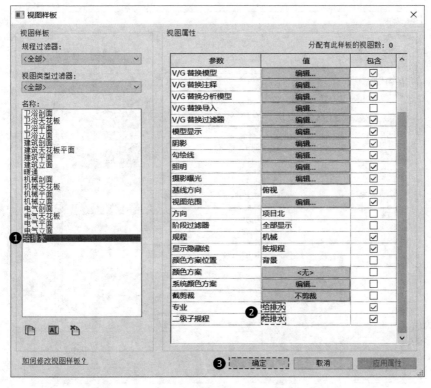

图 8-26

项目 8 CAD 出图和协同工作 143

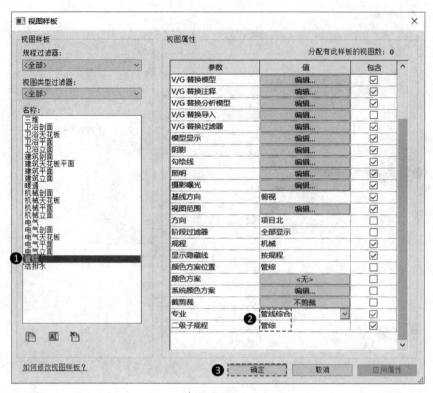

图 8-27

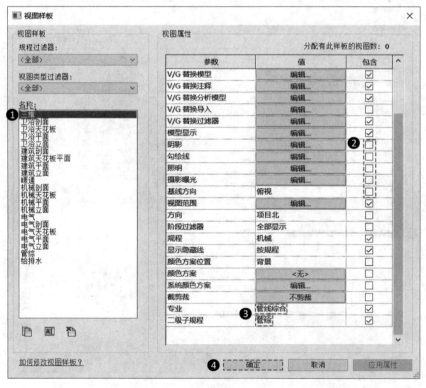

图 8-28

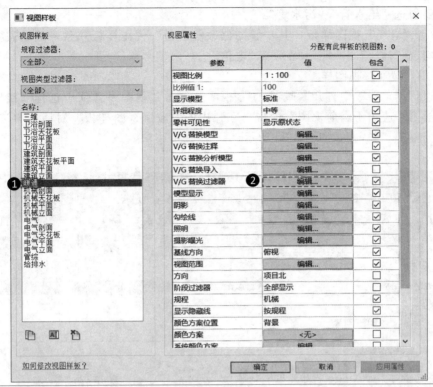
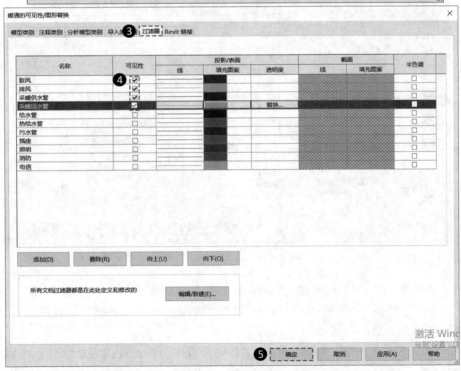

图 8-29

⑦ 修改"给排水"视图样板：其步骤与修改"暖通"视图样板一致，但是需要在"过滤器"处要勾选"给水管""污水管"。

⑧ 修改"电气"视图样板：其步骤与修改"暖通"视图样板一致，但是需要在"过滤器"处要勾选"插座""照明""消防""电信"。

⑨ 应用"暖通"视图样板。

在"项目浏览器"中打开"暖通-1F"视图→单击"视图"选项→选择"视图样板"中的"将样板属性应用于当前视图"命令→在弹出的"应用视图样板"对话框中选择"暖通"视图样板→单击"确定"，如图 8-30 所示。

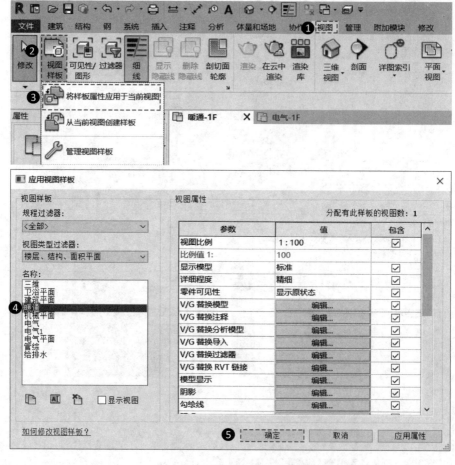

图 8-30

【注】 "暖通-2F""暖通-屋顶""给排水-1F""给排水-2F""给排水-屋顶""电气-1F""电气-2F""电气-屋顶""管综-1F""管综-2F""管综-屋顶""三维"等视图的应用与上述步骤一样，应用完之后的结果如图 8-31 所示。

⑩ 将"建筑模型""结构模型"RVT 文件链接进来后，另存为样板文件，步骤如下。

单击"文件"选项→选择"另存为"中的"样板"命令→在弹出的"另存为"对话框的"文件名"栏中输入"机电样板"→单击"保存"，如图 8-32 所示。

【说明】 样板文件可以方便以后的机电建模，对于新项目，可以直接使用自定义的项目样板创建新项目。

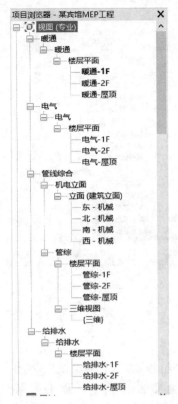

图 8-31

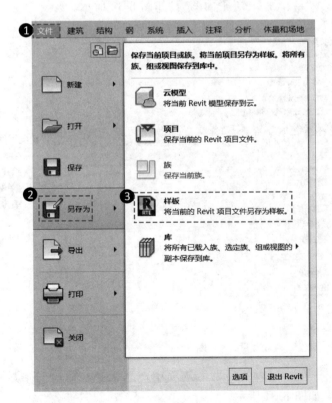

图 8-32

项目 8 CAD 出图和协同工作

图 8-32

8.1.5 图纸导出

（1）平面图出图（以创建"给排水-一层平面图"为例）

① 在"项目浏览器"的"给排水-1F"中→点击鼠标左键→在弹出的快捷菜单中选择"复制视图"→选择"带细节复制"→复制"给排水-1F 副本1"视图，将其重命名为"给排水-一层平面图"，如图 8-33 所示。

8-3 图纸导出

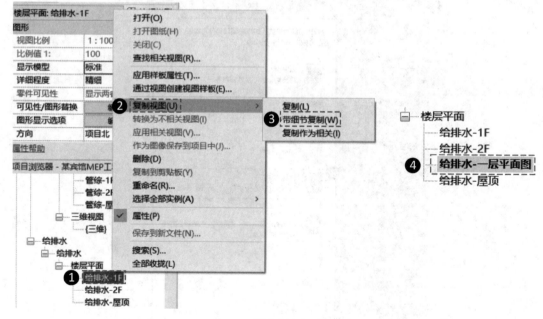

图 8-33

② 输入快捷键 VV→在"导入的类别"选项中→取消"在此视图中显示导入的类别"复选框→单击"确定"，如图 8-34 所示。

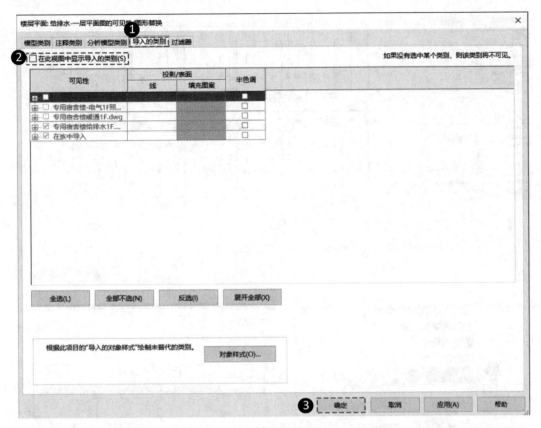

图 8-34

③ 勾选"属性"对话框中的"裁剪视图"和"裁剪区域可见"→选中裁剪框→拖动 4 个方向上的"蓝点"○到四个"小眼睛"等不需要的元素裁剪→取消勾选"属性"对话框中的"裁剪区域可见",将裁剪框隐藏,如图 8-35 所示。

④ 在"项目浏览器"的"图纸(全部)"中→用鼠标右键选择"新建图纸"→在弹出的对话框中选择大小合适的图框→单击"确定"→将其刚刚复制的"给排水-一层平面图"拖入图框中即可,如图 8-36 所示。

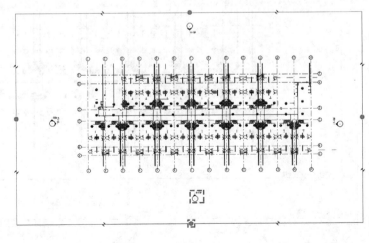

图 8-35

项目 8 CAD 出图和协同工作　149

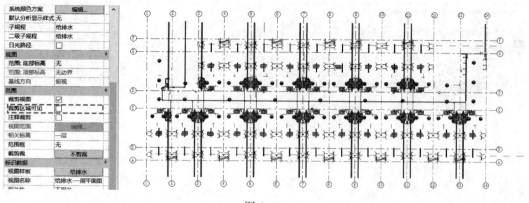

图 8-35

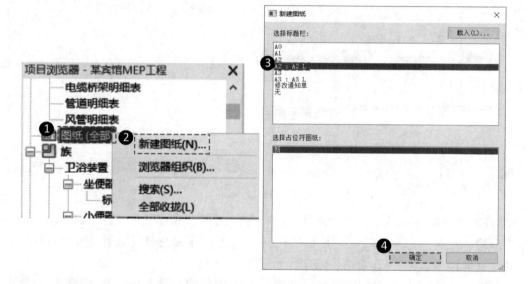

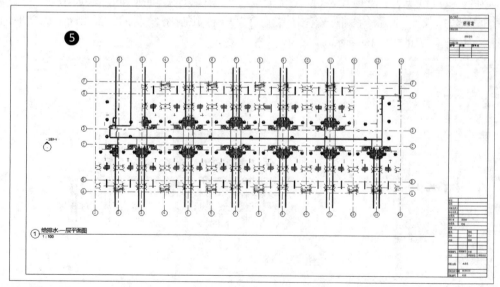

图 8-36

150　数字建造 BIM 应用教程：机电建模与管线综合技术

⑤ 选中图框中的"给排水-一层平面图"→当标题变蓝时→拖动两端的"蓝点"可以改变标题线的长度→在空白处单击后，单击标题→将其拖动至视图的正下方，如图8-37所示。

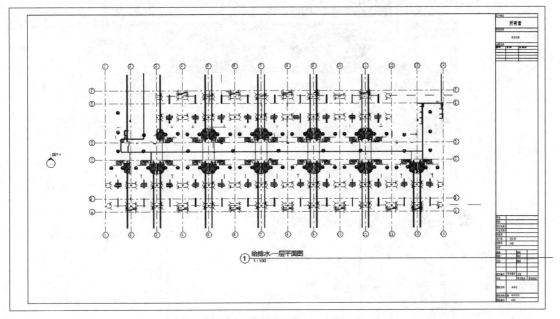

图 8-37

⑥ 将"项目浏览器"中的"A121-未命名"进行"重命名"→在弹出的对话框中自定义编号→"未命名"改为"给排水-一层平面图"→单击"确定"，如图8-38所示。

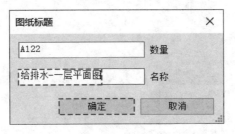

图 8-38

(2) 导出 CAD 图纸

① 单击应用菜单 文件 →选择"导出"中"CAD格式"的"DWG"选项，如图8-39所示。

② 在"DWG导出"对话框中单击"…"→在"修改DWG/DXF导出设置"对话框中→选择"常规"选项→取消勾选"将图纸上的视图和链接作为外部参照导出"→"导出为文件格式"选择"AutoCAD 2018 格式"→单击"确定"，如图8-40所示。

③ "导出"和"按列表显示"分别设置为图中内容→勾选所需导出图纸→单击"下一步"→取消勾选"将图纸上的视图和链接作为外部参照导出"→将其导出到所需文件夹→单击"确定"，如图8-41所示。

图 8-39

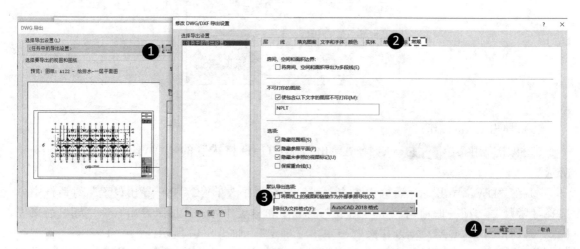

图 8-40

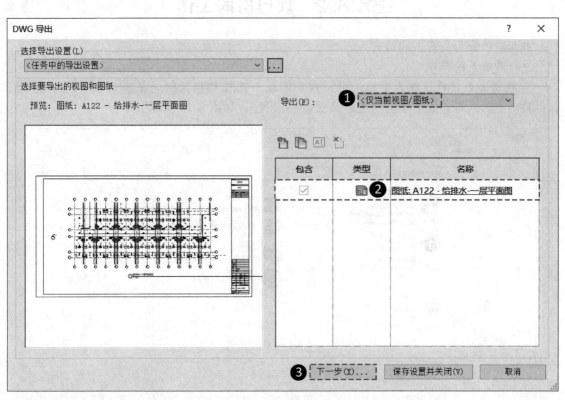

图 8-41

任务 8.2 项目协同工作

协调角色分为负责人和所有人。

(1) 负责人的操作

① 任选一台计算机作为主机,打开控制面板→选择"查看网络状态和任务"→在"网络和共享中心"对话框中单击"更改高级共享设置",如图 8-42 所示。

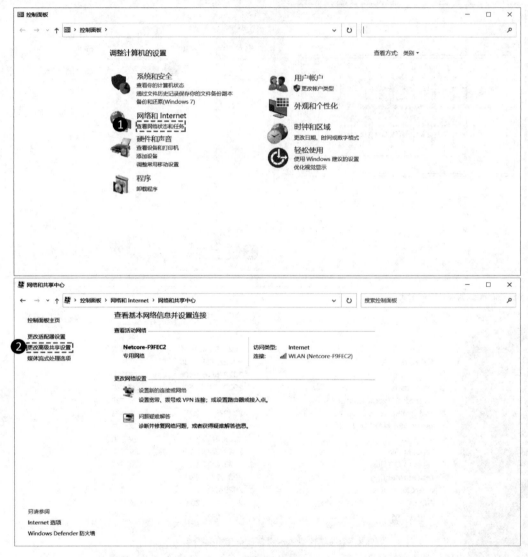

图 8-42

② 在"高级共享设置"对话框中单击"所有网络"右边的下拉箭头→选择"无密码保护的共享"→单击"保存更改",如图 8-43 所示。

③ 在主机新建一个文件夹,名称自定义,此处可命名为"中心文件"→用鼠标右键点击新建文件夹→选择"属性"→在"中心文件属性"对话框中→单击"共享"选项中的"共享(S)…",如图 8-44 所示。

图 8-43

图 8-44

④ 在下拉列表中选择"Everyone"后单击"添加"→将"Everyone"的权限级别改为"读取/写入"→单击"共享",如图 8-45 所示。

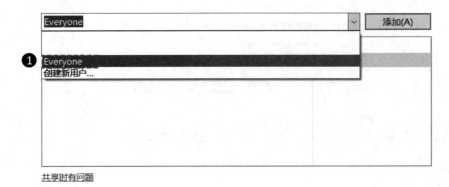

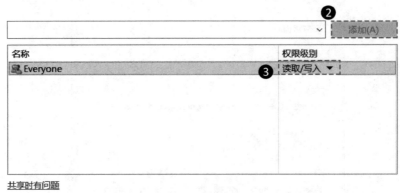

图 8-45

⑤ 如果弹出对话框,选择"是,启用所有公用网络的网络发现和文件共享"→提示"你的文件夹已共享"→单击"完成",如图 8-46 所示。

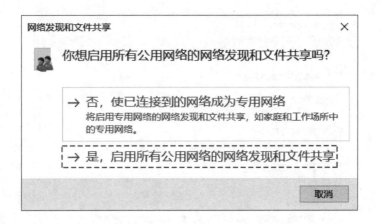

图 8-46

⑥ 将网络路径复制出来,发送给其他协同人员,然后单击"关闭",如图 8-47 所示。
(2)所有人(包括负责人)操作

选择"此电脑"→选择"计算机"→点击"映射网络驱动盘"→选择驱动盘,此处选择 Z 盘→在文件夹路径处粘贴上一步骤复制的路径→单击"完成",此时切换到"此电脑"会出现映射的共享文件夹,如图 8-48 所示。

【提示】 协同时,所有人的盘需选择一致,否则协同时可能出现问题。
(3)负责人的操作

打开 Revit 软件,新建项目或打开已有项目,此处以新建项目为例。
① 单击"协作"选项→选择"工作集"→在弹出的"工作共享"对话框中→单击"确定"→在"工作集"对话框中单击"确定",如图 8-49 所示。

图 8-47

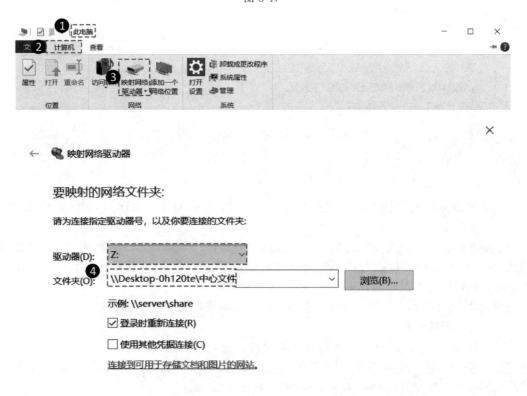

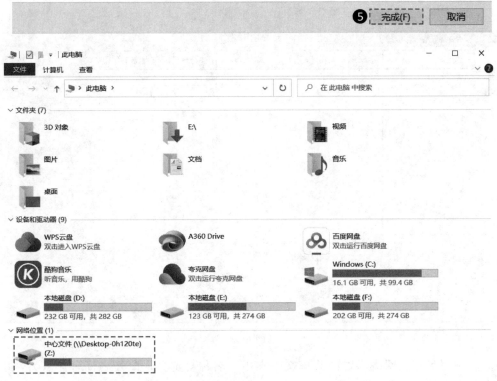

图 8-48

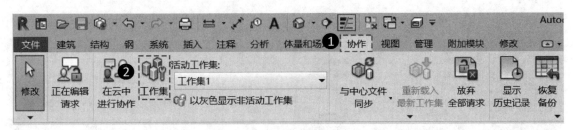

图 8-49

项目 8　CAD 出图和协同工作　159

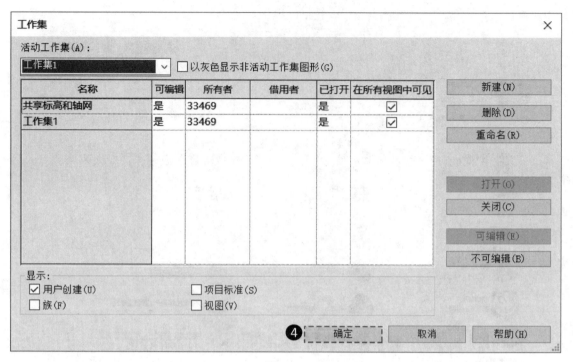

图 8-49

② 将项目另存到网络位置的共享文件夹中,名称自定义,此处名称可命名为"中心文件测试 20230727",如图 8-50 所示。

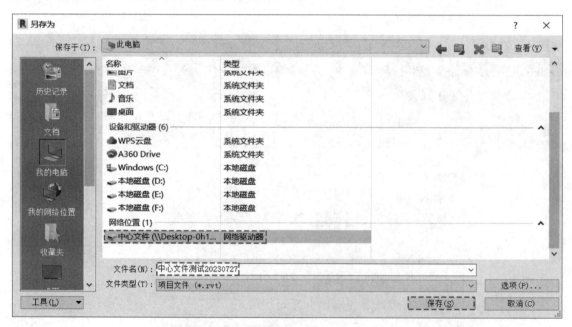

图 8-50

③ 依次选择"协作"选项→选择"与中心文件同步"→在弹出的"与中心文件同步"对话框中单击"确定",如图 8-51 所示。

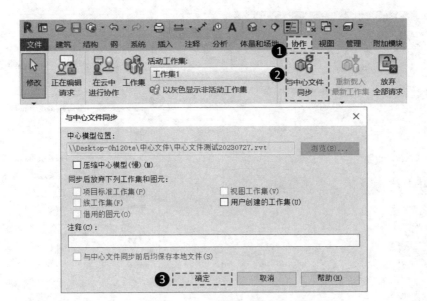

图 8-51

④ 依次选择"协作"选项→选择"工作集"命令→将"可编辑"改为"否"→单击"确定"→再次选择"与中心文件同步"命令后关闭项目，如图 8-52 所示。

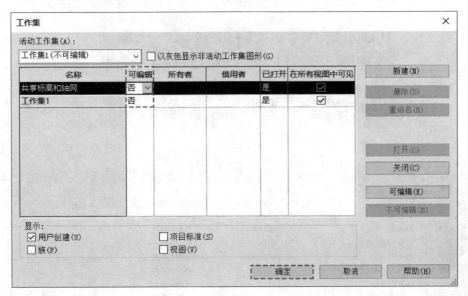

图 8-52

【提示】 负责人在此步骤建好中心文件后一定要关闭中心文件，否则会出现其他人不能同步的情况。

(4) 所有人（包括负责人）的操作

① 打开 Revit 软件→选择"文件"选项→单击"选项"命令→将用户名改为"李×"→单击"确定"，如图 8-53 所示。

② 单击"打开" →选择"网络位置"中的共享文件夹→双击"中心文件测试20230727"，如图 8-54 所示。

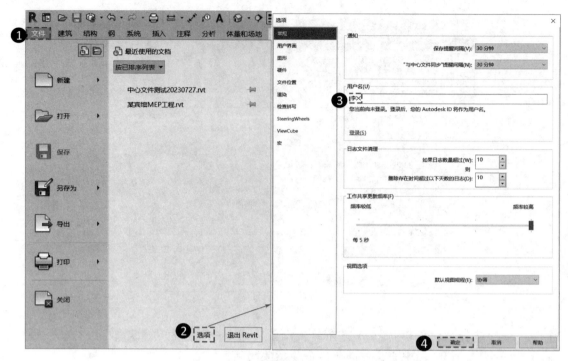

图 8-53

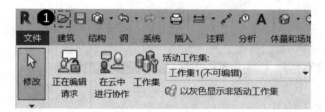

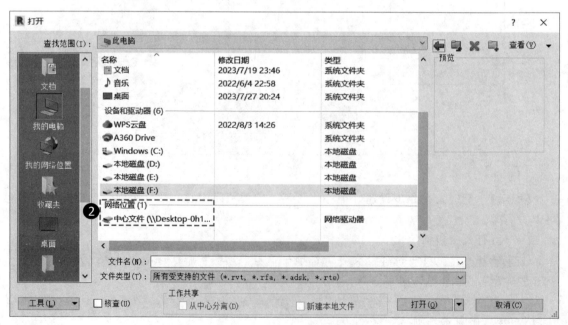

图 8-54

③ 单击"协作"选项→选择"工作集"→在"工作集"对话框中单击"新建",如图 8-55 所示。

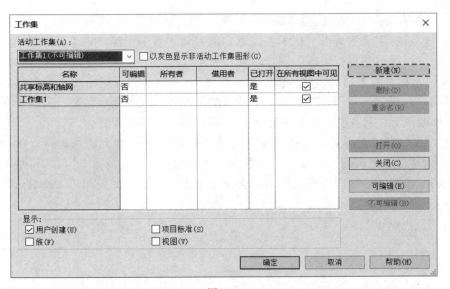

图 8-55

④ 工作集名称命名为"李×"→单击"确定"→将"活动工作集"切换为自己的工作集→单击"确定",如图 8-56 所示。

⑤ 依次选择"协作"选项→选择"与中心文件同步",即可完成工作集的新建。

⑥ 如在绘图区域中任意画一面墙,再次选择"与中心文件同步"命令,其他人员随后再次选择"与中心文件同步"命令,即可看见这面墙。

【提示】 为防止同步时出现意外,可以先选择"保存"命令保存项目,若未能同步成功,还可以将项目中新创建的构件复制到中心文件里面。

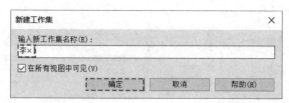

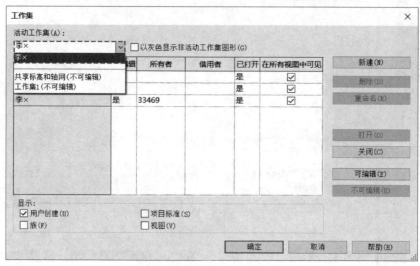

图 8-56

⑦ 在其他人需要对本人的构件进行操作时，如"移动"，会提示"无法编辑图元"的命令，此时可以选择"放置请求"让本人同意，放置请求后不用等待，单击"关闭"按钮，在本人同意后根据提示获得权限或者同步后获得权限。

⑧ 在关闭项目时，选择"放弃图元和工作集"，下次再打开时需重新建工作集。

【提示】 选择"放弃图元和工作集"的目的是便于本人关闭项目后，其他人可以对本人的新建或修改图元进行操作，否则其他人没有权限而不能进行操作。

⑨ 本人在收到请求后可以选择"授权"或"拒绝"。若未收到请求，可以依次选择"协作"选项卡、"正在编辑请求"命令，查看别人的请求。

【提示】 在请求编辑图元的过程中，会经常提示需与中心文件同步，此时选择"与中心文件同步"命令即可。

项目9 族的创建

思维导图

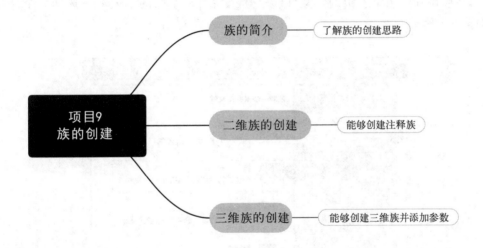

教学目标

通过学习本项目族的创建相关内容,能够选择合适的族样板,理解族类别和族类型,了解族创建的方法和步骤,理解族参数的概念和编辑方法,掌握常用二维族和三维族的创建和应用方法。

教学要求

能力目标	知识目标	权重
掌握族创建的步骤	理解族类别和族类型的概念	20%
能够区分实例参数和类型参数的不同	掌握族参数的设置方法	40%
会根据要求创建二维族和三维族	了解常见族的绘制步骤	40%

任务 9.1　族的简介

族就像不同的积木颗粒，是搭建建筑机电模型的基础，例如管道、洗手盆、灯具、风机等，都是不同的族类别。

BIM 中的族可以分为系统族、内建族和可载入族。系统族保存在项目样板中，随项目创建而载入项目，如墙、楼板，可以创建新的类型；内建族项目内部通过工具创建，如线脚、条形基础、排水沟，也被称为内建模型；可载入族通过载入命令将外部族载入当前项目中，如卫生器具、机械设备，其功能强大、灵活性好，创建可载入族需要掌握族的创建和参数设置。

9-1　选择族的样板、设置族类别和族类型、创建族的类型和参数

9.1.1　选择族的样板

单击"应用程序菜单"中的"文件"→选择"新建"中的"族"→选择一个".rft 文件"，如图 9-1 所示。

图 9-1

【说明】　使用不同的样板创建的族有不同的特点，具体描述如下。

① 公制常规模型.rft：该族样板最常用，用它创建的族可以放置在项目的任何位置，不用依附于任何一个工作平面和实体表面。

② 基于面的公制常规模型.rft：用该样板创建的族可以依附于任何工作平面和实体表面，但是它不能独立地放置到项目的绘图区域，必须依附于面。

③ 基于墙、天花板、楼板和屋顶的公制常规模型.rft：这些样板统称基于实体的族样板，用它们创建的族一定要依附在某一个实体表面上。例如，用"基于墙的公制常规模型.rft"创建的族，在项目中它只能依附在墙这个实体上，不能腾空放置，也不能放在天花板、楼板和屋顶平面上。

④ 基于线的公制常规模型.rft：该样板用于创建详图族和模型族，与结构梁相似，这些族使用两次拾取放置。用它创建的族在使用上类似于画线或风管的效果。

⑤ 公制轮廓族.rft：该样板用于画轮廓，轮廓被广泛应用于族的建模中，比如放样命令。

⑥ 常规注释.rft：该样板用于创建注释族，以及注释标注图元的某些属性。和轮廓族一样，注释族也是二维族，在三维视图中是不可见的。

⑦ 公制详图构件.rft：该样板用于创建详图构件，建筑族使用得比较多，MEP也可以使用，其创建及使用方法基本和注释族类似。

⑧ 创建自己的族样板：Revit提供了十分简便的族样板创建方法，只要将文件的扩展名.rfa改成.rft，就能直接将一个族文件转变成一个族样板文件。

9.1.2 设置族类别和族参数

① 族类别：单击"创建"选项→选择"族类别和族参数"，即可弹出对话框，如图9-2所示。

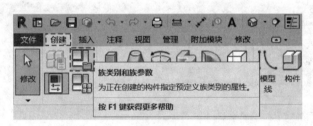

图 9-2

② 族参数：选择不同的"族类别"可能会有不同的"族参数"显示，此处以"常规模型"族类别为例来介绍图9-3中族参数的作用。

a. 基于工作平面：如果勾选了"基于工作平面"，即使选用了"公制常规模型.rft"样板创建的族也只能放在一个工作平面或实体表面上，类似于选择了"基于面的公制常规模型.rft"样板创建的族。

b. 总是垂直：对于勾选了"基于工作平面"的族和基于面的公制常规模型创建的族，如果勾选了"总是垂直"，将相对于水平面垂直；如果不勾选"总是垂直"，族将垂直于某个工作平面。

9.1.3 创建族的类型和参数

① 单击"创建"选项→打开"族类型"对话框，如图9-4所示。

② 新建族类型："族类型"是在项目中用户可以看到的族的类型。一个族可以有多个类型，每个类型可以有不同的尺寸形状，并且可以分别调用。在"族类型"对话框中单击"新

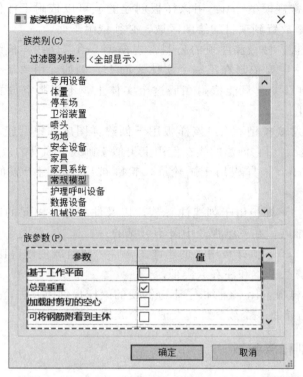

图 9-3

图 9-4

建"按钮可以添加新的族类型,对已有的族类型还可以进行"重命名"和"删除"操作,如图 9-5 所示。

③ 添加参数:单击"族类型"对话框中的"添加",即可打开"参数属性"对话框,如图 9-6 所示。

【说明】 下面介绍图 9-6 中❶~❻参数具体含义。

❶ 参数类型。

a. 族参数:参数类型为"族参数"的参数,载入项目文件后,不能出现在明细表或标记中。

b. 共享参数:参数类型为"共享参数"的参数,可以由多个项目和族共享,载入项目文件后,可以出现在明细表和标记中。如果使用"共享参数",将在一个 TXT 文档中记录这个参数。

图 9-5

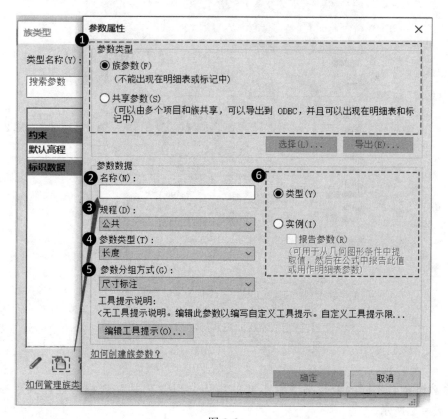

图 9-6

❷ 名称：参数名称可以任意输入，但在同一个族内，参数名称不能相同，参数名称区分大小写。

❸ 规程：有 5 种"规程"可选择，如表 9-1 所示。Revit MEP 最常用的"规程"有公共、HVAC、电气和管道。

表 9-1

序号	规程	说明
1	公共	可以用于任何参数的定义
2	结构	用于结构族
3	HVAC	用于定义暖通族的参数
4	电气	用于定义电气族的参数
5	管道	用于定义管道族的参数

【说明】 不同"规程"对应显示的"参数类型"也不同。在项目中，可按"规程"分组设置"项目单位"的格式，如图 9-7 所示，所以此处选择"规程"也决定了族参数在项目中调用的单格式。

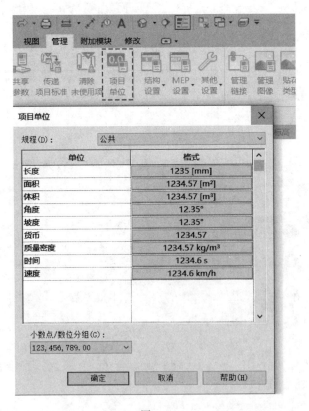

图 9-7

❹ 参数类型：不同的参数类型有不同的特点，以"公共"规程为例，其"参数类型"的说明如表 9-2 所示。

表 9-2

序号	参数类型	说明
1	文字	可以随意输入字符,定义文字类型参数
2	整数	始终表示为整数的值
3	数值	用于各种数字数据,是实数
4	长度	用于建立图元或子构件的长度
5	面积	用于建立图元或子构件的面积
6	体积	用于建立图元或子构件的体积
7	角度	用于建立图元或子构件的角度
8	坡度	用于定义坡度的参数
9	货币	用于货币参数
10	URL	提供至用户定义的 URL 网络连接
11	材质	可在其中指定选定材质的参数
12	是/否	"是"或"否"定义参数,可与条件判断连用
13	<族类型 …>	用于嵌套构件,不同的族类型可匹配不同的嵌套族

❺ 参数分组方式：定义了参数的组别，其作用是使参数在"族类型"对话框中按组分类显示，方便用户查找参数。该定义对于参数的特性没有任何影响。

❻ 类型/实例：用户可根据族的使用习惯选择"类型参数"或"实例参数"，其说明如表 9-3 所示。

表 9-3

序号	规程	说明
1	类型参数	如果有同一个族的多个相同的类型被载入项目中,类型参数的值一旦被修改,则所有的类型个体都会发生相应的变化
2	实例参数	如果有同一个族的多个相同的类型被载入项目中,其中一个类型的实例参数的值一旦被修改,则只有当前被修改的这个类型的实体会相应变化,该族的其他类型的这个实物参数的值仍然保持不变。在创建实例参数后,所创建的参数名后将自动加上"(默认)"两字

9.1.4 创建实体

在创建实体时需遵循的原则是：任何实体模型都尽量对齐并锁在参照平面上，通过参照平面上标注的尺寸来驱动实体的形状改变。

在功能区的"创建"选项卡中，提供了"拉伸""融合""旋转""放样""放样融合"和"空心形状"的建模命令，如图 9-8 所示。下面简单介绍一下"拉伸"和"融合"的特点及使用方法。

9-2 创建实体（拉伸、融合、连接、剪切）

9-3 创建实体（旋转、放样、放样融合）

（1）拉伸

拉伸是通过绘制一个封闭的拉伸端面并给予一个拉伸高度来建模的，下面以绘制一个长方体为例进行介绍。

① 在绘图区域绘制 4 个参照平面，并在参照平面上标注尺寸，如图 9-9 所示。

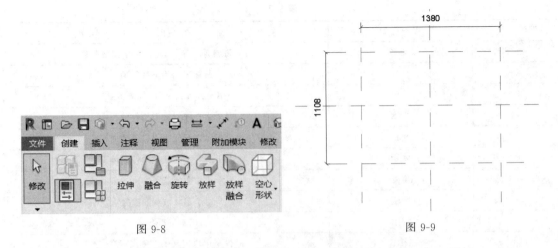

图 9-8　　　　　　　　　　　　　　　图 9-9

② 单击"创建"选项→选择"拉伸"命令→在"修改|创建拉伸"选项卡中选择"矩形"→在绘图区域绘制并上锁→绘制完后按 Esc 键退出绘制→单击"完成",即完成创建,如图 9-10 所示。

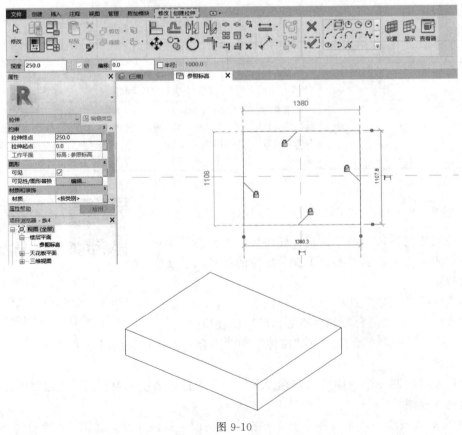

图 9-10

【注】

a. 如果需要在高度方向上标注尺寸，用户可以在任何一个立面上绘制参照平面，然后将实体的顶面和底面分别锁在两个参照平面上，再在这两个参照平面之间标注尺寸，将尺寸匹配一个参数，这样可通过改变每个参数值来参变长方体的长、宽、高。

b. 对于创建完的任何实体，用户还可以重新编辑。单击想要编辑的实体，然后单击"修改拉伸"选项卡＞"编辑拉伸"，进入编辑拉伸的界面，如图 9-11 所示。用户可以重新绘制拉伸的端面，完成修改后单击"完成"按钮，即可保存修改，退出编辑拉伸的绘图界面。

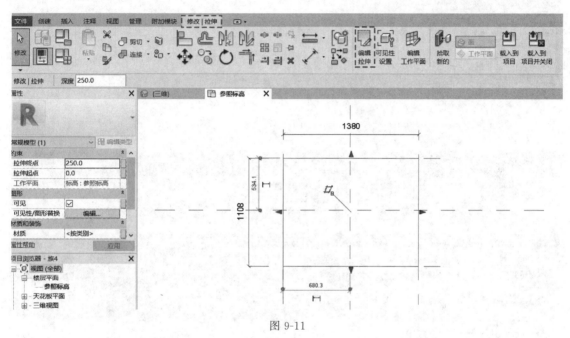

图 9-11

（2）融合

可以将两个平行平面上的不同形状的端面进行融合建模，下面以圆与矩形的融合为例进行介绍。

① 单击"创建"选项→选择"融合"命令→默认进入"修改｜创建融合底部边界"选项→此时可绘制底部的融合面形状→绘制一个圆形，如图 9-12 所示。

② 单击"编辑顶部"按钮→切换到顶部融合面的绘制→此时绘制一个矩形→单击"完成"，如图 9-13 所示。

【注】 底部和顶部都绘制完后，通过单击"编辑顶点"按钮可以编辑各个顶点的融合关系，如图 9-14 所示。

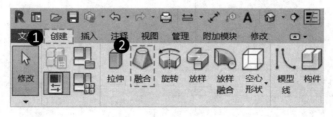

图 9-12

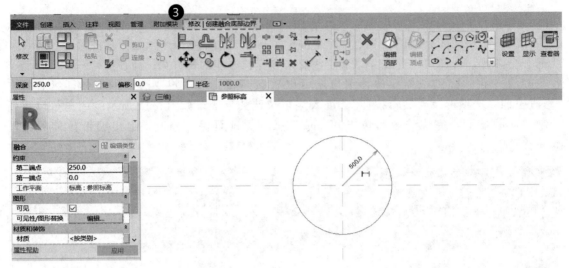

图 9-12

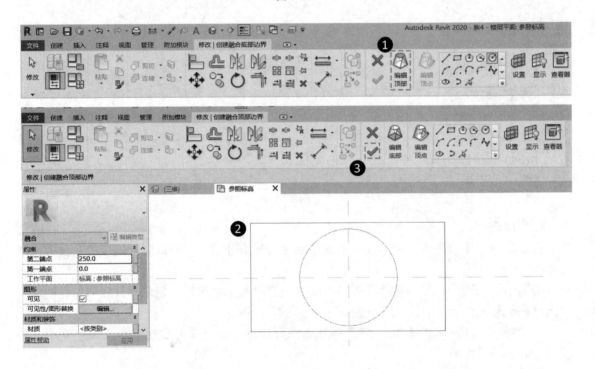

融合结果为:

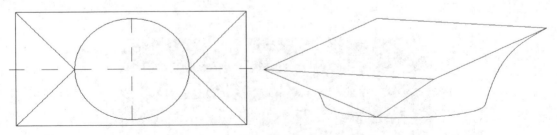

图 9-13

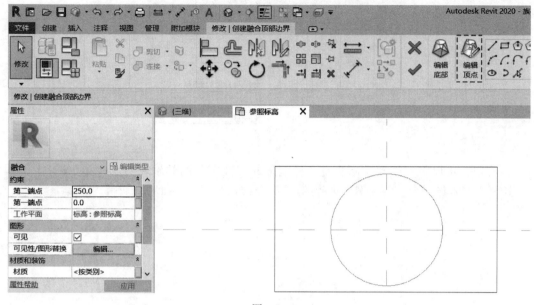

图 9-14

（3）族的创建

族的创建还有"旋转""放样""放样融合"，"空心形状"等命令，方法可以参考视频资源。

（4）布尔运算

除了模型的创建外，还有模型的修改，下面以讲布尔运算为例进行介绍。

与其他常见的建模软件一样，Revit MEP 的布尔运算方式主要有"连接"和"剪切"两种。可在功能区的"修改"选项卡中找到相关的命令，如图 9-15 所示。

图 9-15

① 连接：可以将多个实体模型连接成一个实体模型，实现"布尔加"，并且连接处可产生实体相交的相贯线。下面以一个圆柱与长方体相连为例进行介绍，如图 9-16 所示。

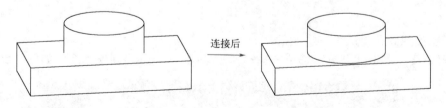

图 9-16

选择"连接"下拉列表中的"取消连接几何图形"，可以将已经连接的实体模型返回到未连接的状态，如图 9-17 所示。

图 9-17

② 剪切：可以将实体模型减去空心模型形成"镂空"的效果，实现"布尔减"。下面以一个实体长方体与一个空心圆柱剪切为例进行介绍，如图 9-18 所示。

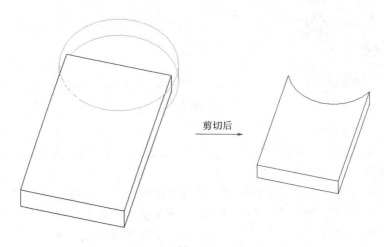

图 9-18

选择"剪切"下拉列表中的"取消剪切几何图形"，如图 9-19 所示，可以将已经剪切的实体模型返回到未剪切的状态。

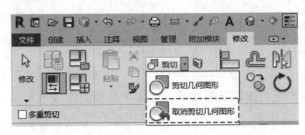

图 9-19

(5) 模型线和符号线

① 模型线：单击"创建"选项→选择"模型线"，即可绘制模型线，如图 9-20 所示。

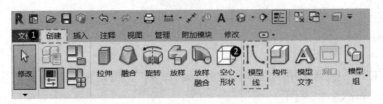

图 9-20

【注意】 无论在哪个工作平面上绘制模型线，在其他视图都可见。比如，在楼层平面视图上绘制一条模型线，把视图切换到三维视图，模型线依然可见。

② 符号线：单击"注释"选项→选择"符号线"，即可绘制符号线，如图9-21所示。

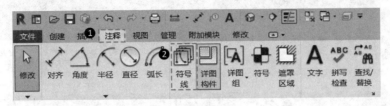

图 9-21

【注意】 符号线能在平面和立面上绘制，但是不能在三维视图中绘制。符号线只能在其所绘制视图中显示，在其他的视图中都不可见。比如在楼层平面视图中绘制了一条符号线，将视图切换到三维视图，这条符号线将不可见。用户可根据族的显示需要，合理选择绘制模型线或符号线，使族具有多样的显示效果。

（6）模型文字和文字

① 模型文字：单击"创建"选项→选择"模型文字"，即可创建三维实体，如图9-22所示。

图 9-22

【注】 当族载入项目中后，在项目中模型文字依然可见。

② 文字：单击"注释"选项→选择"文字"，即可添加文字注释，如图9-23所示。

图 9-23

【注】 这些文字注释只能在族编辑器中可见，当族载入项目中时，这些字不可见。

（7）控件

在族的创建过程中，有时会用到"控件"按钮。该按钮的作用是让族在项目中可以按照控件的指向方向翻转，具体添加和使用的方法以以下模型为例。

① 基于"公制常规模型"样板新建一个族文件，并在绘图区域绘制，如图9-24所示。

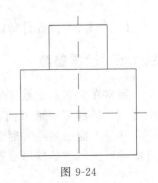

图 9-24

② 单击"创建"选项→选择"控件"→单击"修改丨放置控制点"选项→选择"双向垂直"→在图形的右侧单击,完成一个"双向垂直"↕控件,如图9-25所示。

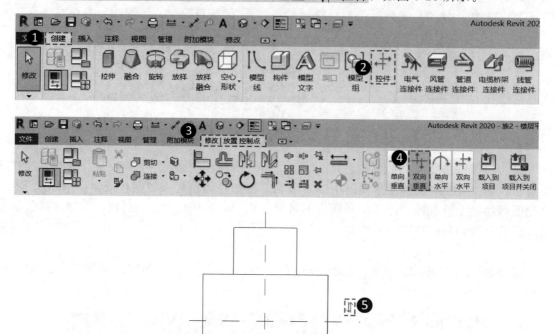

图 9-25

③ 将这个带有控件的族加载到项目中并插入绘图区域,当单击该族时就会出现"双向垂直"的控件符号,单击该"双向垂直"控件符号,该族就会上下翻转,如图9-26所示。

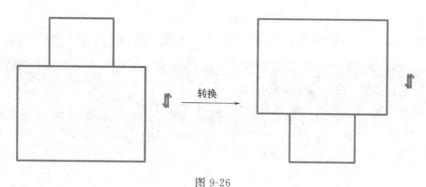

图 9-26

【说明】 其他控件的添加和使用与其基本相同。

9.1.5 设置参数

通常在大多数的族样板（RFT文件）中已经画有3个参照平面,它们分别为 X、Y 和 Z 平面方向,其交点是 (0,0,0) 点。这3个参照平面被固定锁住,并且不能被删除。通常情况下不要去解锁和移动这3个参照平面,否则可能导致所创建的族原点不在 (0,0,0) 点,无法在项目文件中正确使用。

9-4 设置参数

(1) 参照平面和参照线

"参照平面"和"参照线"在族的创建过程中最常用，它们是辅助绘图的重要工具。在进行参数标注时，必须将实体"对齐"放在"参照平面"上并锁住，由"参照平面"驱动实体，如图 9-27 所示。该操作方法严格贯穿整个建模的过程，"参照平面"主要用于控制距离参变。

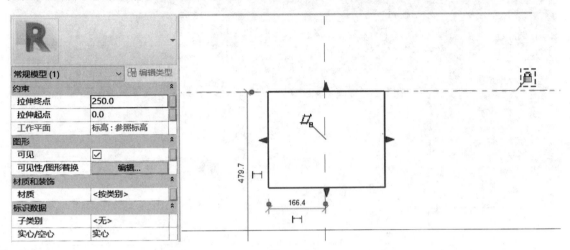

图 9-27

"参照线"主要用于实现角度参变，要实现参照线的角度自由变化，应做到如下几点。

① 绘制参照线：单击"创建"选项→选择"参照线"，默认以直线绘制→将鼠标光标移至绘图区域→单击即可指定"参照线"起点→移动至终点再次单击，即完成这一"参照线"的绘制→接下来可以继续移动鼠标光标绘制下一"参照线"，或按两下 Esc 键退出，如图 9-28 所示。

图 9-28

② 标注参照线之间的夹角：单击"注释"选项→选择"角度"→选择参照线和水平的参照平面，然后选择合适的位置放置尺寸标注→按两下 Esc 键即可退出尺寸标注状态，如图 9-29 所示。

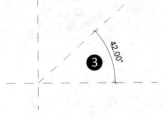

图 9-29

③ 给夹角添加参数：单击刚刚标注的角度尺寸→在"修改/尺寸"选项中→点击"创建参数"的符号→打开"参数属性"对话框→输入参数名称"角度"→单击"确定"，如图9-30所示。

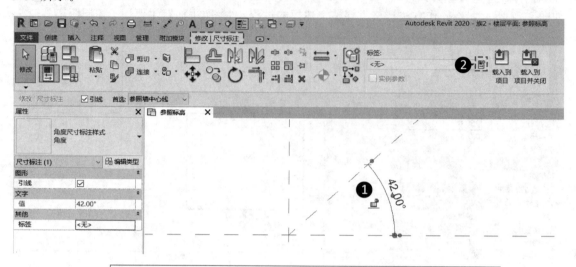

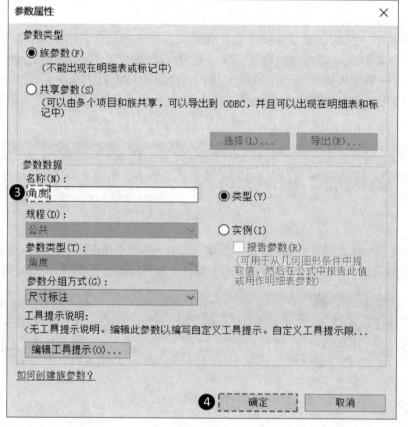

图 9-30

【说明】

　　a. 如果之前已经在"族类型"对话框中添加了"角度"的参数，只要在"标签"下拉列表中选择这个参数即可。

b. 若改变了参数的值，则参照线的角度也会相应变化。如在"族类型"对话框中将"角度"的值改成 60°，单击"应用"按钮，则绘图区域中的尺寸标注变成 60，并且参照线的角度也随之改变，如图 9-31 所示。

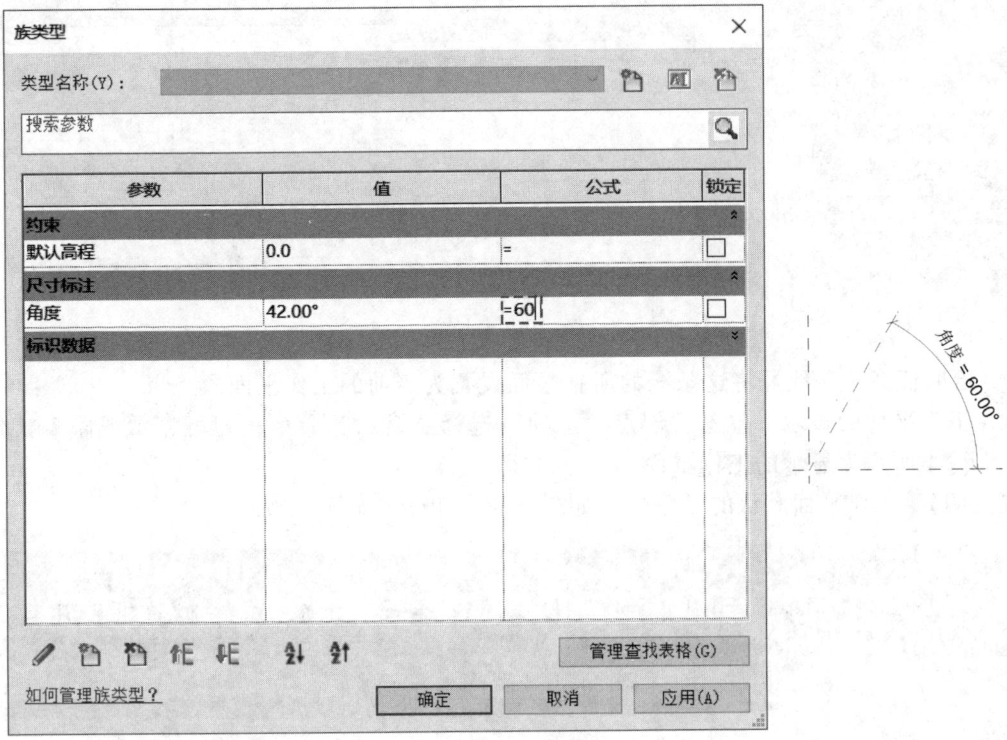

图 9-31

c. "参照线"和"参照平面"相比除多了两个端点的属性外，还多了两个工作平面。如图 9-32 所示，切换到三维视图，将鼠标光标移到参照线上，可以看到水平和垂直的两个工作平面。在建模时，可以选择参照线的平面作为工作平面，这样创建的实体位置可以随参照线的位置而改变。

(2) 工作平面

Revit MEP 中的每个视图都与工作平面相关联，所有的实体都在某一个工作平面上，在族编辑器中的大多数视图中，工作平面是自动设置的。执

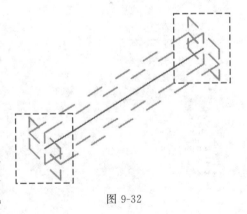

图 9-32

行某些绘图操作及在特殊视图中启用某些工具（如在三维视图中启用"旋转"和"镜像"）时，必须使用工作平面。绘图时，可以捕捉工作平面网格，但不能相对于工作平面网格进行对齐或尺寸标注。

① 工作平面的设置：单击"创建"选项→选择"设置"命令→即可打开"工作平面"对话框，如图 9-33 所示。

【说明】 可以通过以下方法来指定工作平面。

a. 在"名称"下拉列表中选择已经命名的参照平面的名字。

b. 拾取一个参照平面。

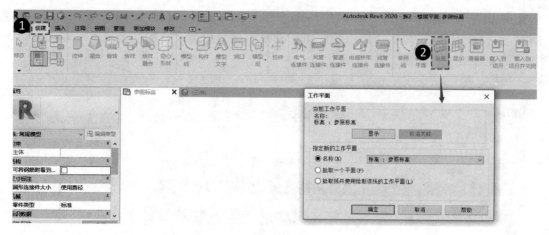

图 9-33

c. 拾取任意一条线并将这条线的所在平面设置为当前的工作平面。

② 工作平面的显示：单击"创建"选项→选择"显示"命令→即可显示或隐藏工作平面，图 9-34 所示为显示的工作平面。

【说明】 工作平面默认的是隐藏，如需查看，单击"显示"按钮。

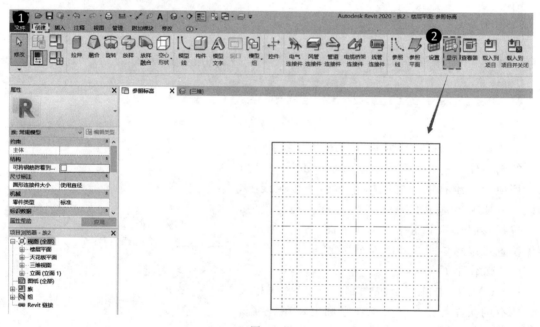

图 9-34

9.1.6 设置可见性

通过可见性设置对话框，可以控制每个实体的显示情况。如：新建一个族，在同一位置绘制一个长方体和一个圆柱体，如图 9-35 所示。

在没有设置粗略、中等、精细时，两个实体在各个视图和详细程度中都会显示。通过以下操作可以对它们进行

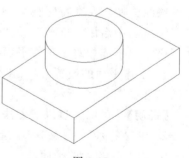

图 9-35

显示控制。

① 单击选中长方体→单击"修改|拉伸"选项卡中的"可见性设置"→或者在"属性"对话框的"可见性/图形替换"中单击"编辑"按钮，如图 9-36 所示。

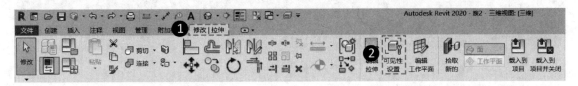

图 9-36

② 在打开的"族图元可见性设置"对话框中→勾选"详细程度"选项组中的"精细"复选框→单击"确定"→使长方体只在"精细"程度时显示，如图 9-37 所示。

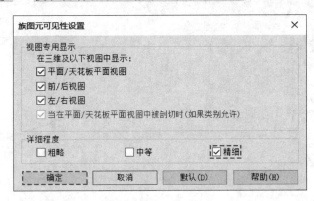

图 9-37

③ 单击选中圆柱体。步骤同②一致，打开"族图元可见性设置"对话框。

④ 在此对话框中只勾选"详细程度"选项组中的"中等"复选框，单击"确定"，使圆柱体只在"中等"程度时显示。

⑤ 新建一个项目，把族载入项目中。当在视图控制栏中选择"中等"时显示的是圆柱体，当选择"精细"时显示的是长方体。

【说明】 在族编辑器中，"不可见"的图元显示为灰色，载入项目中才会完全不可见。在"族图元可见性设置"对话框中还可以设置族在平面/天花板平面、前/后、左/右等视图中的可见性，该设置在族的创建中也被广泛使用。

9.1.7 添加族的连接件

在 Revit MEP 项目文件中，系统的逻辑关系和数据信息通过构件族的连接件传递，连接件作为 Revit MEP 构件族是区别于其他 Revit 产品构建族的重要特性之一，也是 Revit MEP 构件族的精华所在。

9-5 添加族的连接件

Revit MEP 2020 共支持 5 种连接件：电气连接件、风管连接件、管道连接件、电缆桥架连接件和线管连接件。下面以添加风管连接件为例，具体步骤如下：

① 单击"创建"选项→选择"风管连接件"，如图 9-38 所示。

② 进入"修改放置风管连接件"选项卡，选择将连接件"放置"在"面"或"工作平面"上，通过鼠标拾取实体的一个面，将连接件附着在三维视图中面的中心，如图 9-39 所示。

图 9-38

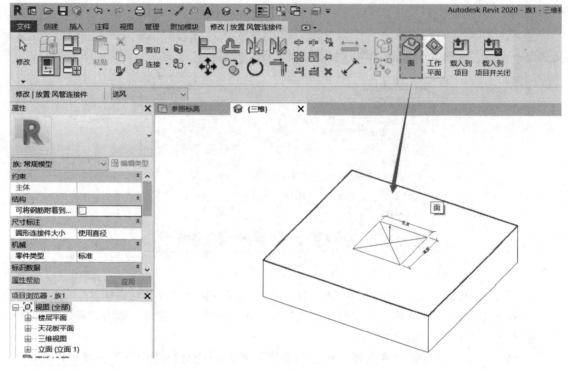

图 9-39

【其他事项说明】

(1) 放置类型

可以通过以下两种方法在项目中放置族。

① 方法一：单击"系统"选项→在如图 9-40 所示的方框内选择一个族类别→如：单击"风管管件"，激活"修改放置风管管件"选项→在左侧"属性"对话框的类型选择器中选择一个族的族类型，放置在绘图区域中，如图 9-41 所示。

图 9-40

② 方法二：直接将"项目浏览器"中的族拖至绘图区域。

(2) 编辑项目中的族和族类型

① 可以通过如下三种方法编辑项目中的族。

a. 方法一：在项目浏览器中，选择要编辑的族名→点击鼠标右键选择"编辑"命令，此操作将打开"族编辑器"→在"族编辑器"中→编辑族文件，将其重新载入项目文件中，覆盖原来的族，如图 9-42 所示。

图 9-41

图 9-42

【说明】
ⓐ "族编辑器"的应用将在后面的内容中详细介绍。
ⓑ 在右键快捷菜单中还可以对族进行"新建类型""删除""重命名""保存""搜索"和"重新载入"的操作。

b. 方法二：如果族已放置在项目绘图区域中，可以单击该族，然后在功能区中单击"编辑族"，如图 9-43 所示，打开"族编辑器"。

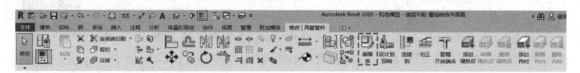
图 9-43

c. 方法三：同样对于已放置在项目绘图区域中的族，用鼠标右键点击族，在弹出的快捷菜单中选择"编辑族"命令，如图 9-44 所示，也将打开"族编辑器"。

【注意】 在上述方法中不能进行编辑系统族，例如风管、水管和电缆桥架等，不可以使用"族编辑器"编辑系统族，只能在项目中创建、修改和删除它的族类型。

② 可以通过如下两种方法编辑项目中的族类型。
a. 方法一：在项目浏览器中，选择要编辑的族类型名→双击弹出"类型属性"对话框（或右击，在弹出的快捷菜单中选择"类型属性"命令），如图 9-45 所示。
b. 方法二：如果族已放置在项目绘图区域中，可以单击该族，随后在"属性"对话框中单击"编辑类型"，也将弹出"类型属性"对话框。

【说明】 如果需要选择某个类型的所有实例，可以在项目浏览器中或绘图区域右击该族类型，在弹出的快捷菜单中选择"选择全部实例"中的"在视图中可见"或"在整个项目中"命令，这些实例将会在绘图区域高亮显示，同时在 Revit MEP 窗口右下角图标显示选定图元的个数。

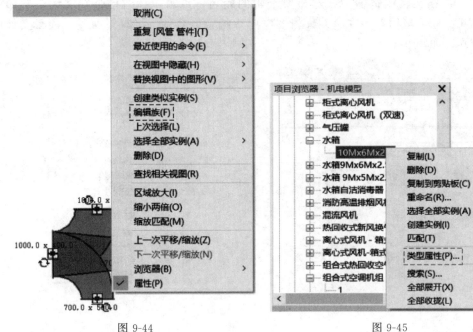

图 9-44　　　　　　　　　　　　图 9-45

任务 9.2　二维族的创建

注释族是用于对一些族进行解释说明的二维族。注释族载入项目后，显示会随视图比例变化而自动调整，注释图元始终以同一图纸大小显示。

注释族通俗地说就是施工图中的各类标注符号，只不过 Revit 中的这些"标注符号"拥有一定的信息量，可以自动读取构件信息，这是软件偏向 BIM 技术的一种表现。但是软件自带的这些注释族基本不符合中国的标准，不能被直接使用，因此本节介绍如何定义符合中国制图规范的注释族。

9-6　二维族的创建

9.2.1　管道注释

在机电专业中有很多类别的管道，如给水管道、热给水管道、污水管道、采暖供水管道和采暖回水管道等，管道注释族可快速读取管道信息并标注在管道上，具体制作步骤如下。

① 选择"公制常规标记"族样板：在"族"下面选择"新建"→在弹出的"新族-选择样板文件"对话框中→选择"注释"→选择"公制常规标记"族样板文件→单击"打开"，如图 9-46 所示。

② 删除提示文字：进入族编辑模式后，选择屏幕中以"注意"开头的一段文字，按 Delete 键将其删除，如图 9-47 所示。

③ 设置"族类别和族参数"：单击"创建"选项→选择"族类别和族参数"命令→弹出"族类别和族参数"对话框→在"族类别"栏中选择"管道标记"→在"族参数"栏中→勾选"随构件旋转"复选框→单击"确定"，如图 9-48 所示。

图 9-46

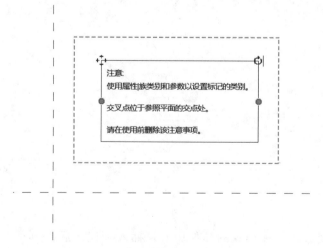

图 9-47

项目 9 族的创建 187

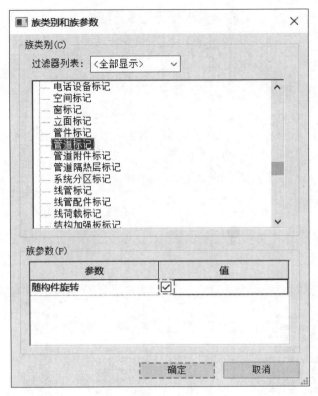

图 9-48

④ 创建"标签":单击"创建"选项→选择"标签"→再单击屏幕中两条虚线的交点,如图 9-49 所示。

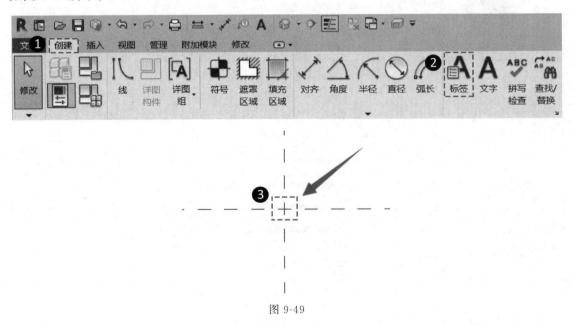

图 9-49

【注意】 这个交点就是标记族的几何中心,插入标记族后,也是以这个点为中心点插入的。

⑤ 编辑标签：在弹出的"编辑标签"对话框中选择"系统类型"→单击"将参数添加到标签" ，即可将"系统类型"添加到"标签参数"列表中去，如图 9-50 所示。

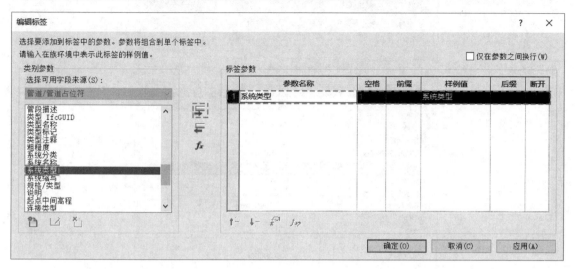

图 9-50

【注】 继续选择"直径""起点中间高程"选项并添加到"标签参数"列表中去，只不过要在"直径"的"前缀"栏中输入"DN"，如图 9-51 所示。

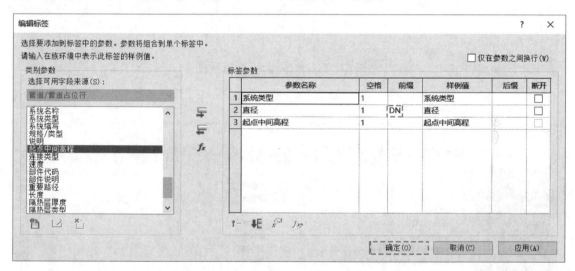

图 9-51

⑥ 编辑字体：选择已创建的标签→在"属性"面板中单击"编辑类型"→在弹出的"类型属性"对话框中→将"颜色"设置为"红色"→将"背景"设置为"透明"→将"文字字体"设置为"仿宋"字体→将"宽度系数"设置为"0.700000"个单位→单击"确定"，如图 9-52 所示。

【说明】 完成编辑字体操作后，可以观察到文本标签变为仿宋字，这种字体符合建筑制图规范的要求，如图 9-53 所示。

⑦ 直接保存族文件：单击"保存" →在"文件名"栏中输入"管道标记"→将其存入所需位置→单击"保存"，即可保存新族文件，如图 9-54 所示。

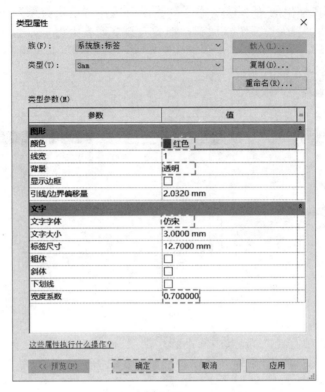

图 9-52

系统类型-DN直径-起点中间高程

图 9-53

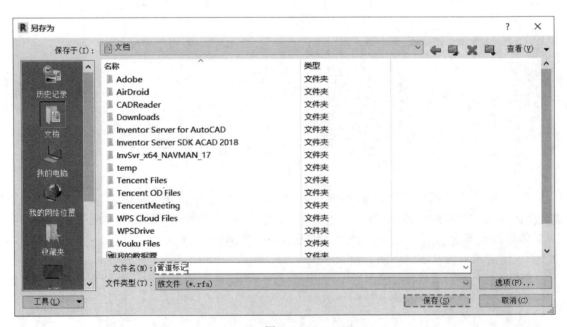

图 9-54

9.2.2 风管注释

风管是用于空气输送和分布的管道系统。本小节介绍可以自动读取风管信息并标注风管族的制作方法，具体步骤如下。

① 选择"公制常规标记"族样板：此操作与"管道注释"中的选择"公制常规标记"族样板的步骤一致。

② 设置"族类别和族参数"：在"族类别"栏中选择"风管标记"→在"族参数"栏中勾选"随构件旋转"复选框→单击"确定"，如图 9-55 所示。

图 9-55

③ 创建"标签"：此操作与"管道注释"中的创建"标签"的步骤一致。

④ 添加标签参数：将"系统类型""尺寸""底部高程"添加到"标签参数"中去，只不过要在"底部高程"的"前缀"栏中输入"H+"，如图 9-56 所示。

⑤ 编辑字体：此操作与"管道注释"的"编辑字体"的步骤一致，如图 9-57 所示。

⑥ 直接保存为"风管标记"族文件：此操作与"管道注释"中的"直接保存为族文件"的步骤一致。

9.2.3 桥架注释

在机电专业中有很多类别的电缆桥架，如插座电缆桥架、开关电缆桥架、照明电缆桥架、消防桥架、电信桥架等，本小节介绍可以自动读取桥架信息并标注桥架的族的制作方法，具体步骤如下。

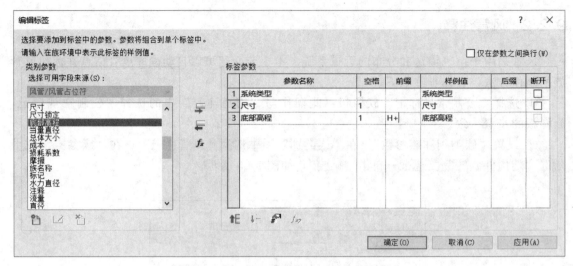

图 9-56

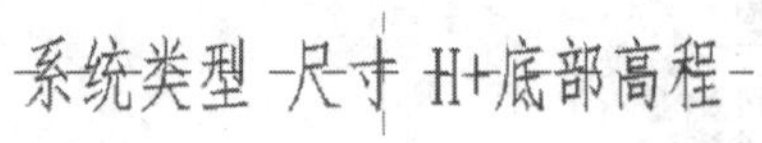

系统类型 -尺寸 H+底部高程-

图 9-57

① 选择"公制常规标记"族样板。

② 删除提示文字。

③ 设置"族类别和族参数":在"族类别"栏中选择"电缆桥架标记"→在"族参数"栏中勾选"随构件旋转"复选框→单击"确定",如图 9-58 所示。

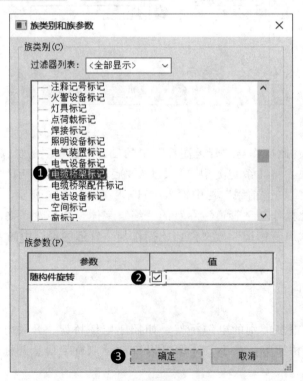

图 9-58

④ 创建"标签"。

⑤ 添加标签参数：将"类型名称""尺寸""底部高程"添加到"标签参数"中去，只不过要在"底部高程"的"前缀"栏中输入"H+"，如图9-59所示。

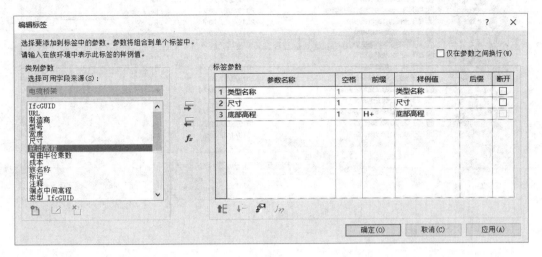

图 9-59

⑥ 编辑字体：此操作与"管道注释"的"编辑字体"的步骤一致，如图9-60所示。

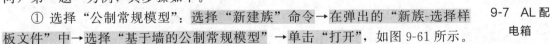

图 9-60

⑦ 直接保存为"桥架标记"族文件。

任务 9.3　三维族的创建

机电专业会有各种各样的机械设备，当这些设备在Revit自带的族库中无法找到时，可以根据设备的形状尺寸信息自行创建。本节以三个设备为例，主要讲解三维族的创建方法。

9.3.1　配电箱

以"2019第一期"1+X"BIM职业技能等级考试——中级（建筑设备方向）第一题"为例，其步骤如下。

9-7　AL配电箱

① 选择"公制常规模型"：选择"新建族"命令→在弹出的"新族-选择样板文件"中→选择"基于墙的公制常规模型"→单击"打开"，如图9-61所示。

② 绘制参照平面：单击"创建"选项里的"参照平面"命令（或输入快捷键RP）→在绘图区域画一条参照平面，如图9-62所示。

③ 对参照平面进行标注：选择"标注"（或输入快捷键DI）→按Tab键显示蓝色时可选择墙体表面→选择"添加参数"→在弹出的对话框中的名称中输入"深度"→选用"类型"，如图9-63所示。

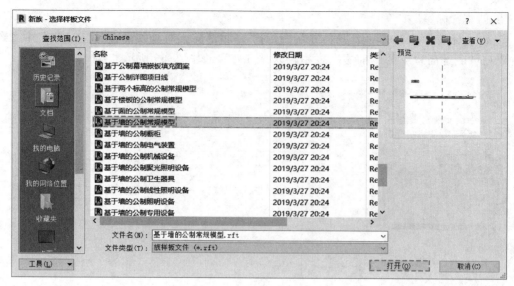

图 9-61

图 9-62

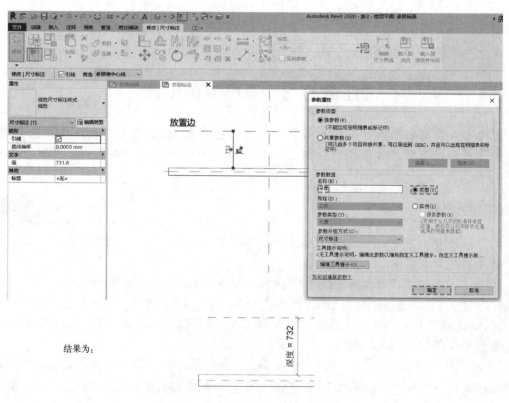

结果为:

图 9-63

④ 等分参照平面：双击"项目浏览器-族3"的"立面（立面1）"中的"放置边"→横向绘制 2 条"参照平面"→竖向绘制 2 条参照平面，位于中心参照平面两边→横向的参照平面分开标注→竖向的参照平面连续标注→单击"EQ"，如图 9-64 所示。

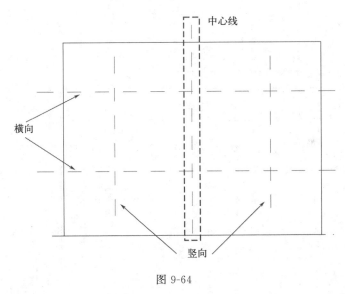

图 9-64

【注意】

a. 参照平面之间的距离可任意绘制，定义好参数后，可输入需要的距离。

b. 在 Revit 建族的过程中，EQ 是等分的意思。此处使用 EQ，可以让两条参照平面距中心线距离相等。

⑤ 添加配电箱"宽度"参数：选择横向的标注→在"修改 | 尺寸"选项的"标签"栏中选择"添加参数"→在"名称"栏中输入"宽度"→单击"确定"，如图 9-65 所示。

⑥ 添加"高度""安装高度"的参数与"添加宽度参数"步骤一致，结果如图 9-66 所示。

⑦ 修改参数信息：设置完参数之后，单击"族类型"→在弹出的"族类型"对话框中，将"尺寸标注"中"安装高度"的数值设为"1300"→宽度的数值设为"500"→"深度"

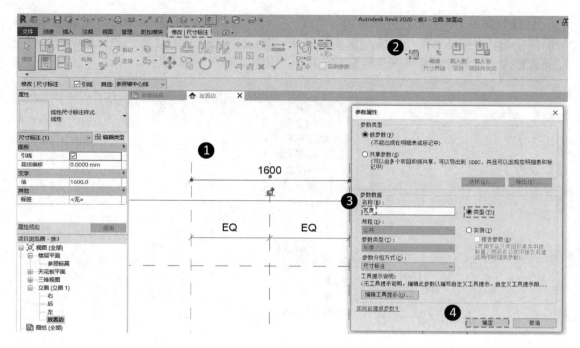

图 9-65

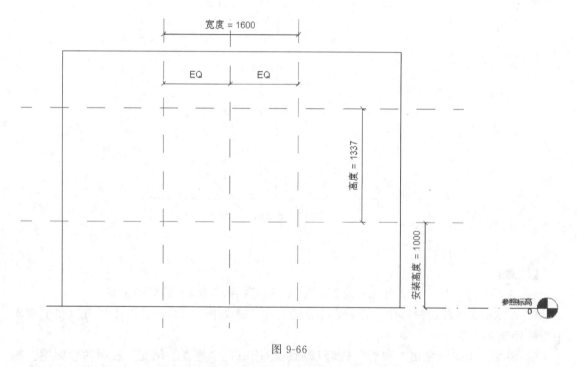

图 9-66

的数值设为 "200" → "高度" 的数值设为 "250" → 点击 "应用"，如图 9-67 所示。

⑧ 创建箱体部分：单击 "创建" 选项→单击 "拉伸" 命令→将箱体部分拉伸出来→在 "修改 | 创建拉伸" 选项卡中选择 "矩形" 工具→在绘图区域画出箱体部分→完成后将四个对应参照平面的锁 🔓 锁上→单击 "完成编辑" ✓，如图 9-68 所示。

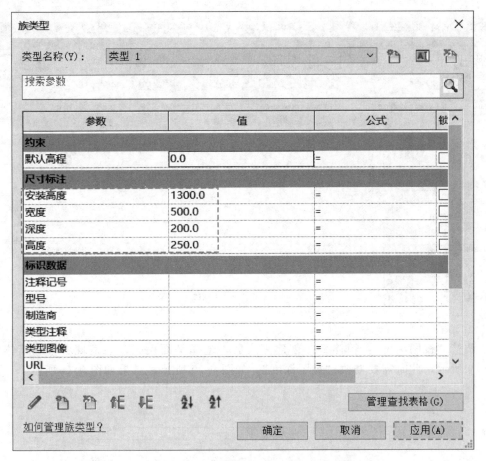

图 9-67

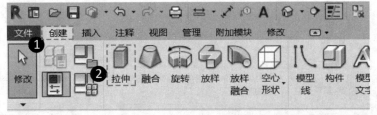

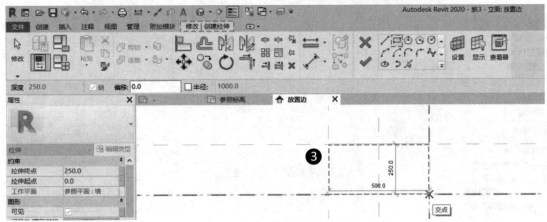

图 9-68

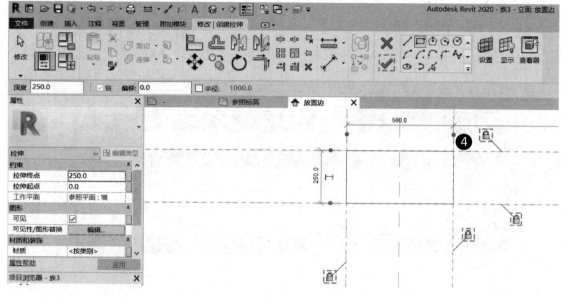

图 9-68

⑨ 调整"视图深度":箱体部分创建完成后,选择平面视图,会发现看不到箱体部分,如图 9-69 所示,此时需要修改"视图深度",如图 9-70 所示,结果如图 9-71 所示。

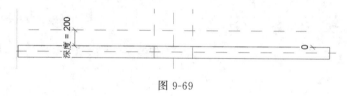

图 9-69

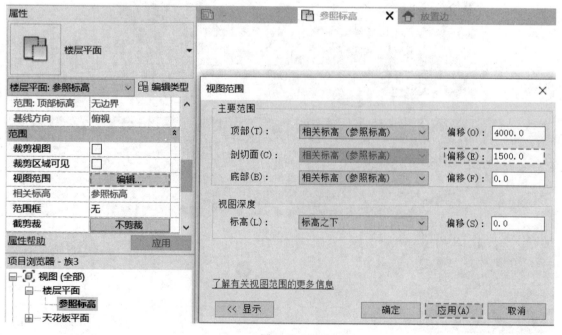

图 9-70

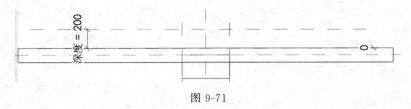

图 9-71

⑩ 调整箱体位置：选中图 9-72 中的箭头，将前表面拖至图 9-73 中参照平面处，并锁上，如图 9-74 所示。选中图 9-75，将后表面拖至图 9-76 所在墙面位置，并锁上，如图 9-77 所示。

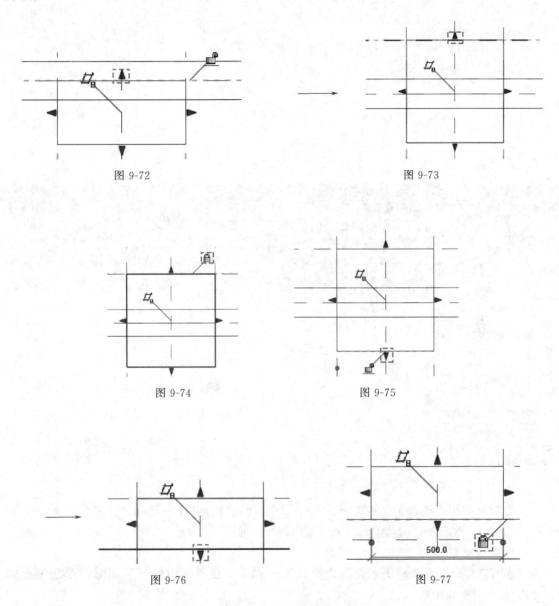

【说明】 结果如图 9-78 所示，至此箱体部分全部绘制完毕。

⑪ 创建盖板：选择"放置边"视图→选择"拉伸"命令→选择"矩形"工具→输入偏移量"50"→在绘图区域绘制图形→单击"完成编辑"，如图 9-79 所示。

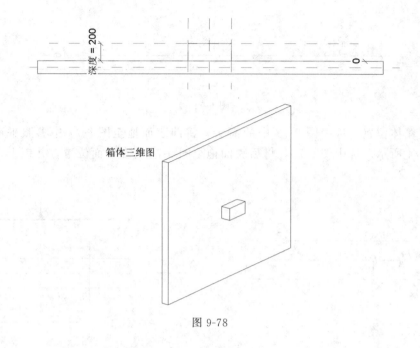

图 9-78

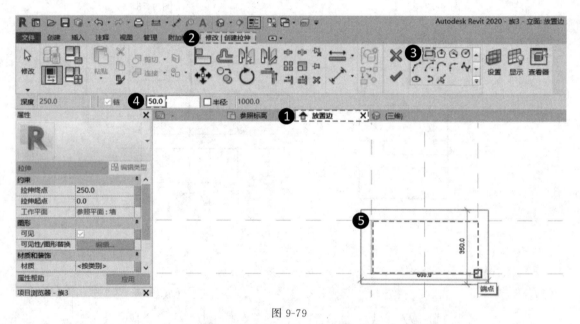

图 9-79

⑫ 绘制辅助线:进入平面视图→输入参照平面的快捷键 RP→选择"拾取线"→输入偏移量"50"→在绘图区域绘制辅助线,如图 9-80 所示。

⑬ 将盖板对齐。

a. 选用"对齐"命令将上表面的盖板对齐→先选中❶再选中❷→再把对应参照平面的锁锁上,如图 9-81 所示。

b. 下表面的盖板对齐的操作步骤也是一样的,并把对应参照平面的锁锁上,如图 9-82 所示。

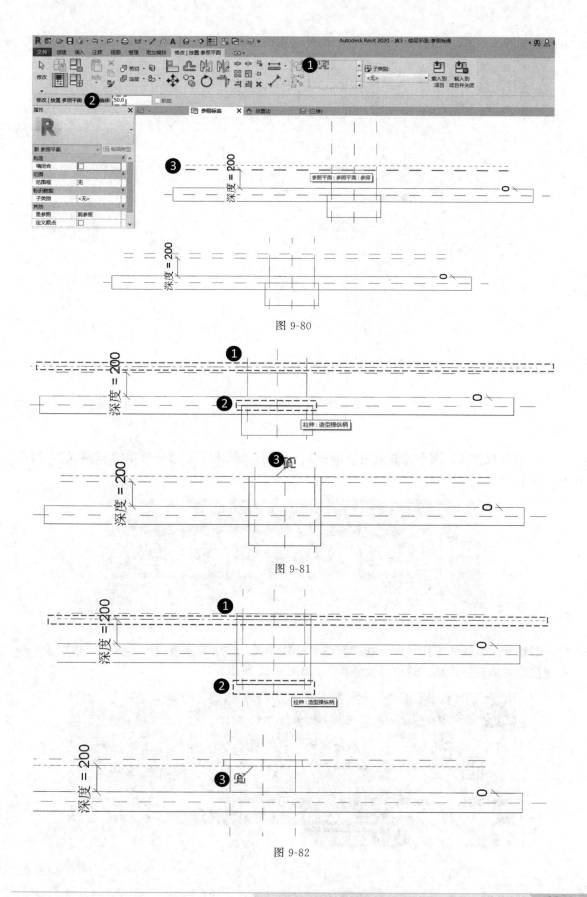

图 9-80

图 9-81

图 9-82

c. 如图 9-83 所示进行盖板的标注，即配电箱的盖板部分已完成。

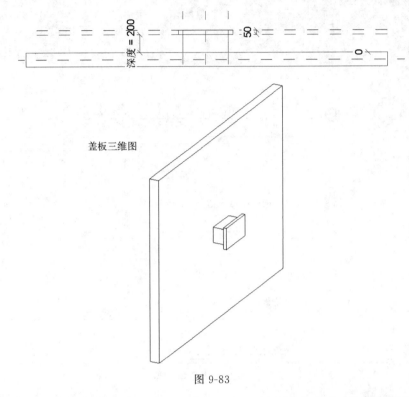

图 9-83

⑭ 打开模型线：选中"放置边"的视图→单击"创建"选项→选中"模型线"，如图 9-84 所示。

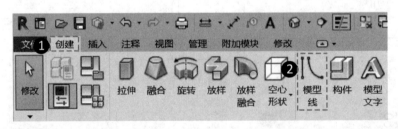

图 9-84

⑮ 设置模型线的工作平面：在"修改｜放置 线"栏中单击放置平面选择"拾取…"→在弹出的对话框中选择"拾取一个平面"，如图 9-85 所示。

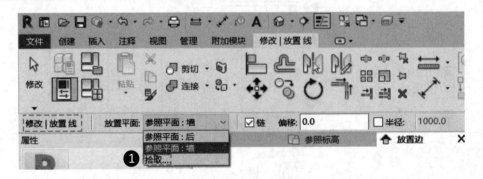

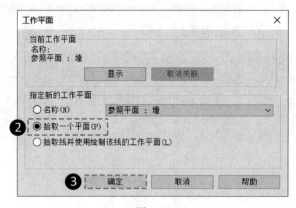

图 9-85

⑯ 绘制模型线：在绘图区域拾取盖板（图 9-86）→选择"矩形"工具，按图 9-87 虚线处绘制模型线。

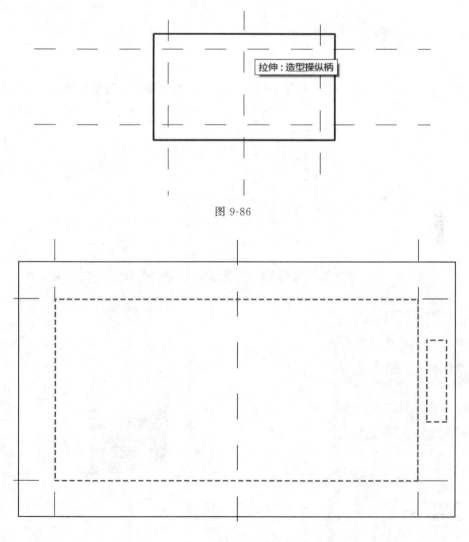

图 9-86

图 9-87

⑰ 创建模型文字：单击"创建"选项→选中"模型文字"→在弹出的对话框中输入"AL"→单击"确定"→在绘图区域放置模型文字，如图 9-88 所示。

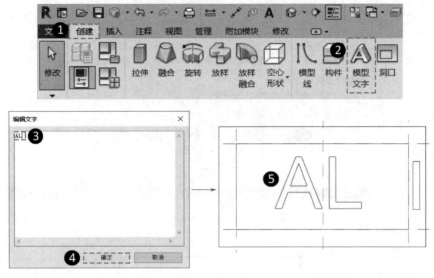

图 9-88

⑱ 修改模型文字：点击三维视图→将属性面板的"深度"数值改为"1"，如图 9-89 所示。

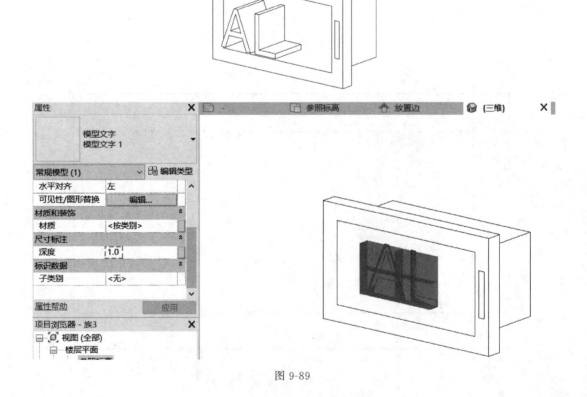

图 9-89

⑲ 将模型文字左右对齐：点击"放置边"视图→选择"对齐"命令→先选择中间的参照平面→再选择文字的中间，如图 9-90 所示。

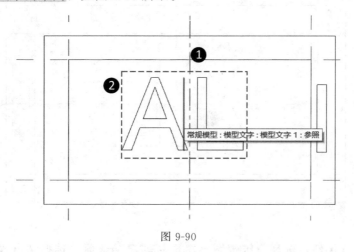

图 9-90

⑳ 将模型文字上下对齐：在绘图区域画出如图 9-91 所示的参照平面→先选择中间的参照平面→再选择文字的中间，如图 9-92 所示→进行锁定，如图 9-93 所示。

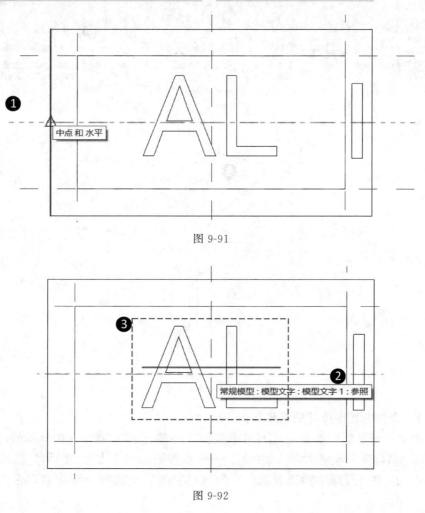

图 9-91

图 9-92

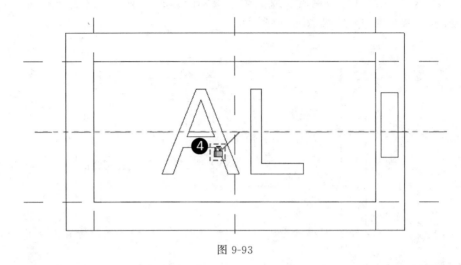

图 9-93

㉑ 添加电气连接件：选择三维视图→单击"创建"选项→选择"电气连接件"→直接在图 9-95 所示的表面放置连接件。如图 9-94 所示。

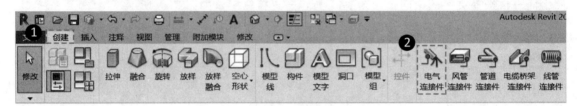

图 9-94

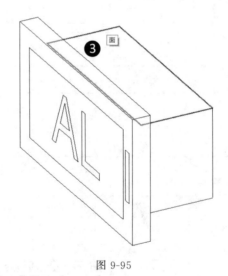

图 9-95

【说明】 添加电气连接件后结果如图 9-96 所示。

㉒ 添加"标识数据"参数：选择"族类型"→单击"添加"→在弹出的"参数属性"对话框中的"名称"栏输入"箱柜编号"→在"参数类型"栏中选择"文字"→在"参数分组方式"栏中→选择"标识数据"→勾选"实例"复选框→单击"确定"，如图 9-97 所示。

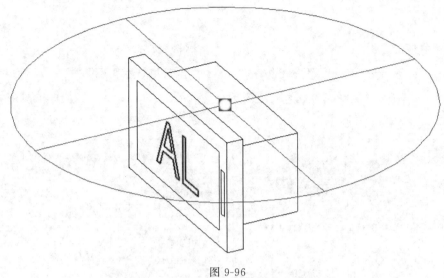

图 9-96

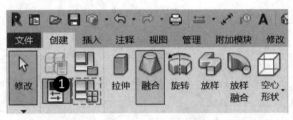

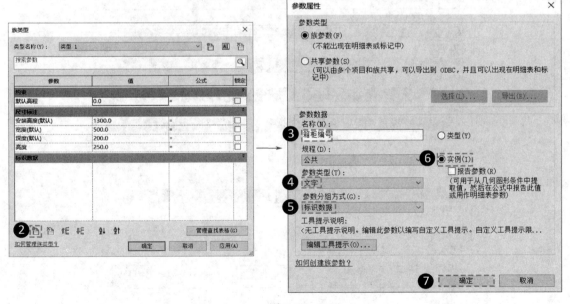

图 9-97

㉓ 添加"材质和装饰""电气"参数的步骤与添加"标识数据"参数一致,分别如图 9-98 和图 9-99 所示。

【说明】 完成添加"材质和装饰""电气"参数后结果如图 9-100 所示。

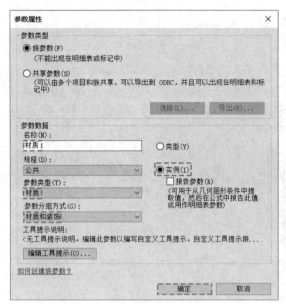
图 9-98

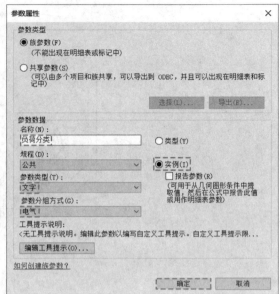
图 9-99

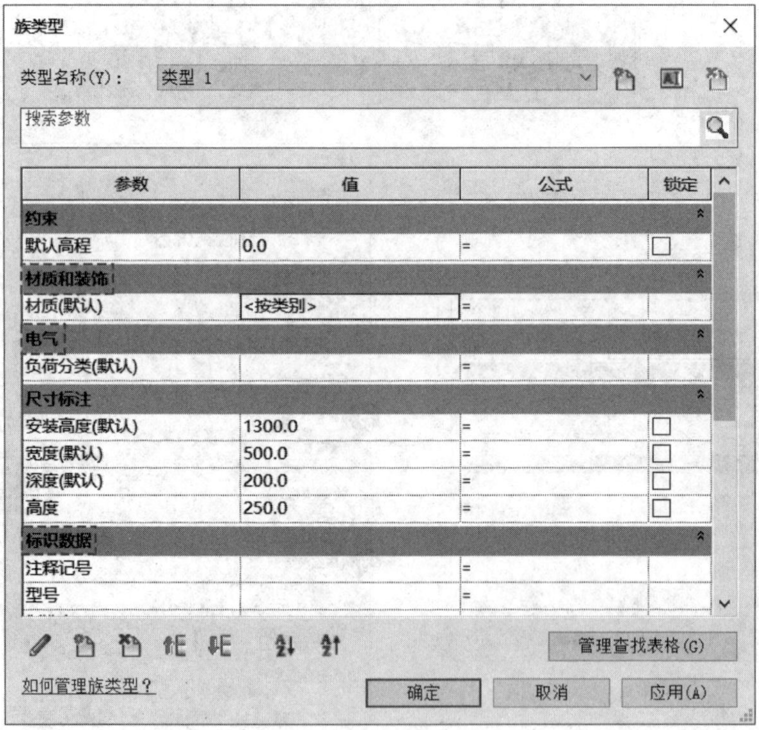

图 9-100

㉔ 载入到项目：单击"创建"选项→选择"载入到项目"命令→找到"项目浏览器"中"族"→将其中"常规模型"中的"照明配电箱"→拖曳至绘图区域所需地方，如图 9-101 所示。

图 9-101

9.3.2 水泵

新建族：选择"公制常规轮廓"。

绘制过程：首先在项目浏览器中点击"前立面和参照平面"，然后点击视图，打开平铺。

9-8 水泵

（1）第一部分

观察图纸→确定图形尺寸 360mm×360mm，圆角为 90°→拉伸绘制并取高 35mm，如图 9-102 所示。

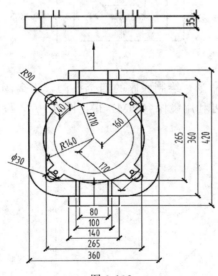

图 9-102

【具体流程】 根据图纸可以得知，该底部图形为带圆角矩形，且尺寸为 360×360 圆角为 90°。由此可以画出图 9-103；再利用镜像（MM）得出图 9-104，且高度为 35mm。

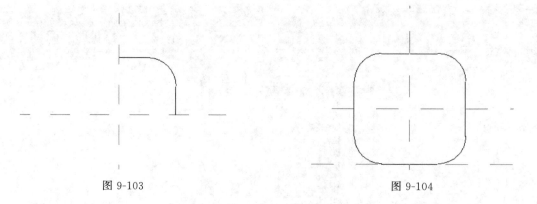

图 9-103　　　　　　　　　　　　图 9-104

(2) 第二部分

观察图纸→空心圆柱距离圆心 170mm，角度 45°，半径 15mm→用拉伸绘制，并镜像，高度设置 35mm→设置空心，并到平面图去拉伸，如图 9-105 所示。

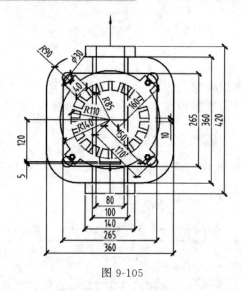

图 9-105

【具体流程】　选择拉伸命令，绘制底座的四个孔洞，距离圆心 170mm，空心圆的半径为 15mm，由此可得图 9-106；再利用镜像（MM）得出图 9-107，设高度为 35mm，且设为空心。

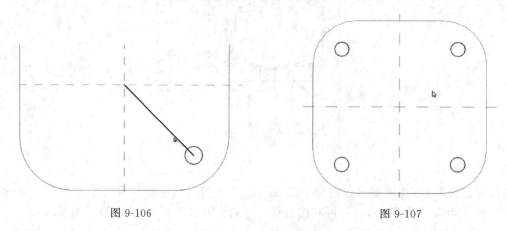

图 9-106　　　　　　　　　　　　图 9-107

（3）第三部分

立面设置参照线→选择"拉伸"绘制→先绘制半径140mm的圆，再绘制45°的长160mm的直线→绘制宽为40mm的"小耳朵"→剪切＋镜像→去平面图拉伸。

【具体流程】

① 由图9-108可得出，该部分为圆柱体带了四个"小耳朵"，圆部分半径为140mm，4个"小耳朵"距离圆心为160mm，"小耳朵"宽度为40mm。

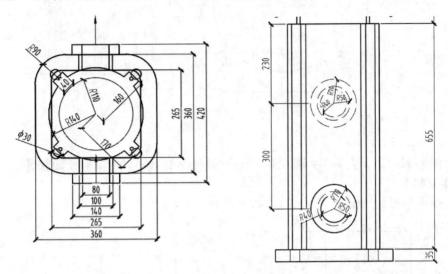

图9-108

② 在画之前，先设置前立面设置参照线（RP），便于后面图形的拉伸。

③ 选择拉伸，先绘制半径为140mm的圆，再绘制45°的160mm长的直线，然后绘制宽度为40mm的小耳朵，如图9-109所示。

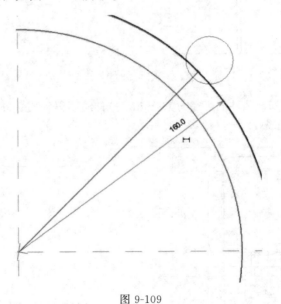

图9-109

④ 在剪切（SL）和合角（TR）之后，可以得到图9-110，再镜像（MM）得到图9-111。

⑤ 高度任取，之后去立面图拉伸即可，得出结果如图9-112所示。

项目9 族的创建　211

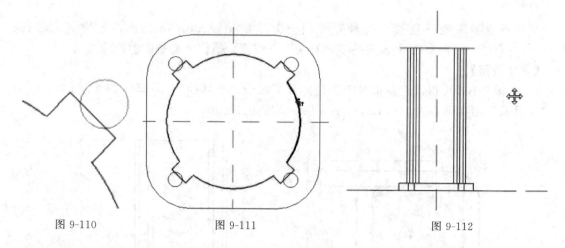

图 9-110　　　　　图 9-111　　　　　图 9-112

（4）第四部分

立面绘制参照线→该圆柱半径为110mm→拉伸绘制，随意高度，立面拉伸。

【具体流程】

① 根据图纸继续做参照线（RP），如图 9-113 所示。

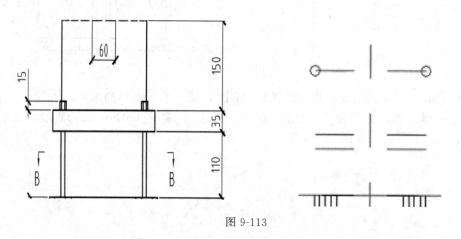

图 9-113

② 根据图 9-114 可知该圆柱的半径为 110mm，拉伸绘制得到图 9-115，高度随意，后面拉伸。

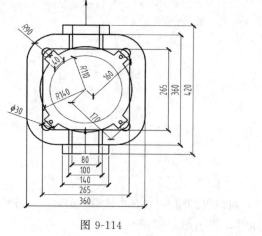

图 9-114

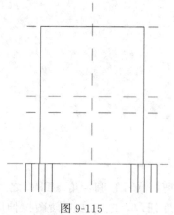

图 9-115

(5) 第五部分

选择"拉伸"绘制→尺寸为 265mm×265mm，圆角 30°→剪切＋合角→镜像＋立面拉伸。

【具体流程】

① 该圆角矩形尺寸为 265mm×265mm，圆角部分为 30°，选择拉伸，得到图 9-116。

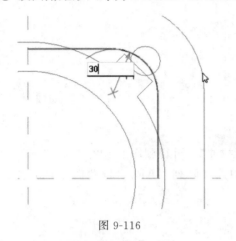
图 9-116

图 9-117

② 后面过程与上相同，镜像＋拉伸，得到图 9-117。

(6) 第六部分

绘制参照线→确定有 20 个小零件，间隔 18°→拉伸时以圆心为原点，绘制半径为 85mm 的圆→再绘制 45°的 160mm 长的直线→小轮件宽度为 10mm→剪切＋立面拉伸→打开阵列（AR）→关闭成组并关联→设置参数→小零件内部圆柱半径为 85mm→最后去立面进行拉伸。

【具体流程】

① 继续作参照线（图 9-118）。

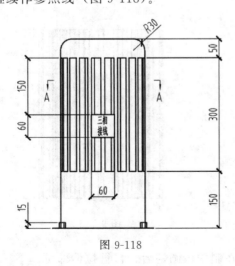
图 9-118

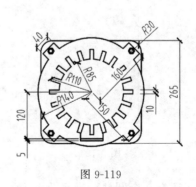
图 9-119

② 做好以后，我们观察图纸图 9-119。

③ 可得到有 20 个小零件且间隔为 360°/20＝18°，选择拉伸。先绘制半径为 85mm 的内圆，再根据 45°绘制一条直线，直线长度为 160mm，得出图 9-120。

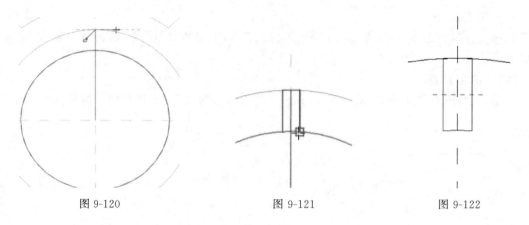

图 9-120　　　　　　　图 9-121　　　　　　　图 9-122

④ 又因为零件宽度为 10mm，可得到图 9-121。

⑤ 将多余的删去，并"剪切＋合角＋在立面拉伸"，可得到图 9-122。

⑥ 得到该零件以后，点击该零件，在修改中选择阵列（AR），设置图 9-123 中以下参数，切记关闭成组并关联。

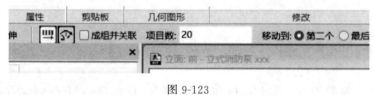

图 9-123

⑦ 重置阵列旋转点，将其置于圆心处，并将角度设置为 18°，如图 9-124 所示，得出结果如图 9-125 所示。

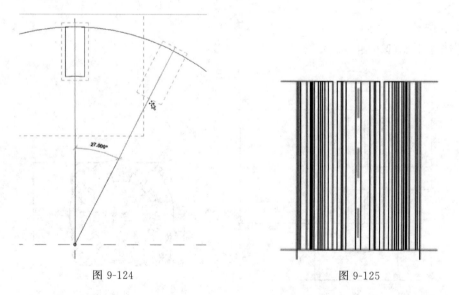

图 9-124　　　　　　　　　　　图 9-125

⑧ 内部还有一个圆柱，半径为 85mm，在制作该圆柱后，自行拉伸即可。

(7) 第七部分

到前立面，选择旋转绘制→先取轴线，再确定旋转轴→选取边界线进行绘制→圆角为 90°。

【具体流程】

① 选取"旋转"绘制，取轴线，确定旋转轴，如图 9-126 所示。

② 选取边界线并进行绘制，如图 9-127 所示。

③ 最后得到图 9-128。

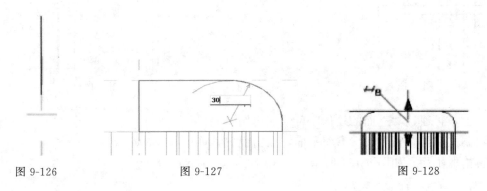

图 9-126　　　　　　图 9-127　　　　　　图 9-128

（8）第八部分

先到立面绘制参照线→选择拉伸绘制→距圆心 150mm，绘制半径为 2.5mm 的螺栓和半径为 5mm 的螺母→到立面拉伸→镜像。

【具体流程】

① 先到立面绘制参照线。

② 根据图 9-119，得到螺栓半径尺寸为 2.5mm，六边螺母半径尺寸为 5mm，距离圆心均为 150mm。

③ 后面操作与上面相同：镜像＋立面拉伸，最终得到图 9-129。

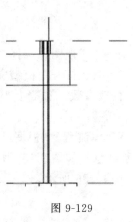

图 9-129

（9）第九部分

立面绘制参照线→选择拉伸绘制→外径为 70mm，内径为 40mm；外径为 50mm，内径为 40mm→在前立面进行绘制→在左立面绘制参照线→在左面拉伸图形→镜像并移动镜像后的图形到相应的位置上。

【具体流程】

① 先绘制参照线。

② 由图 9-108 可知：该进出水口分为两个部分，第一部分外径为 70mm、内径为 40mm，第二部分外径为 50mm、内径为 40mm。

③ 由此从前立面可通过拉伸绘制，得到两个大小不一的圆环体，再到左立面去做参照线，确定两个圆环体相应的位置，通过立面拉伸可得到图 9-130。

④ 再从左面图进行"镜像和立面拉伸"操作，得到如图 9-131 所示。

【具体流程】

① 继续绘制参照线。

② 由图纸可得：三相接线口，尺寸为 60mm×60mm，距离圆心 120mm（其中 5 为文字的厚度）。

项目 9　族的创建　215

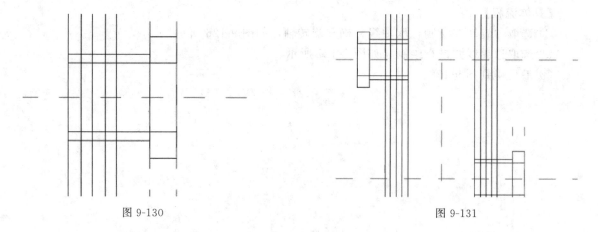

图 9-130　　　　　　　　　　　　　　　　　图 9-131

③ 由上，再通过"立面的拉伸"可绘制出图 9-132。
④ 绘制文字前，需要设置参照平面，点击设置，如图 9-133 所示。
⑤ 再拾取平面，如图 9-134 所示。

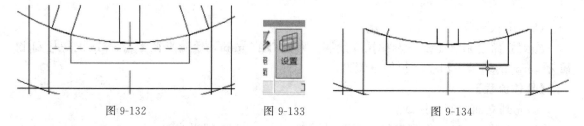

图 9-132　　　　　　　图 9-133　　　　　　　　图 9-134

⑥ 打开视图，选择"立面：前"。
⑦ 随后打开"模型文字"，输入"三相接线"，深度为 5、文字大小为 10。

修改参数：选取上半部分和选取下半部分→选择材质→上部：不锈钢-绿色，下部：不锈钢-红色。

【具体流程】　根据已给图，设置"不锈钢"材质，其中上部为不锈钢-绿色，下部为不锈钢-红色，如图 9-135 所示（材质要到材质库里面去选，切记得要复制，且更改着色）。结果如图 9-136 所示。

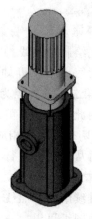

图 9-135　　　　　　　　　　　　　　　图 9-136

修改参数：打开族类型→选择参数添加→将参数类型和分组方式改为"文字"→完成所有的参数设置（图9-137），最后点击应用和确定。

设备参数表		
名称	参数	单位
级数	2	—
压力	0.8	MPa
质量	50	kg
电机功率	1.5	kW

图 9-137

【具体流程】

① 打开族类型，如图 9-138 所示。

② 选择参数"添加"，如图 9-139 所示。

③ 将"参数类型"与"分组方式"改成"文字"（规程无须更改），如图 9-140 所示。

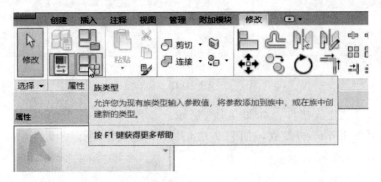

图 9-138

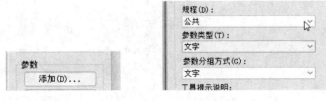

图 9-139　　　　　　　　图 9-140

④ 完成所有设置，点击应用并确定，如图 9-141 所示。

图 9-141

项目9　族的创建　217

管道连接件：打开创建→选择管道连接件→给两个进出水口创建连接件→设置直径均为80mm。

【具体流程】

① 点开创建，选择管道连接件，如图9-142所示。

图9-142

② 给进出水口创建连接件，如图9-143所示。

③ 设置直径为80mm的参数，如图9-144所示，连接件创建完成。

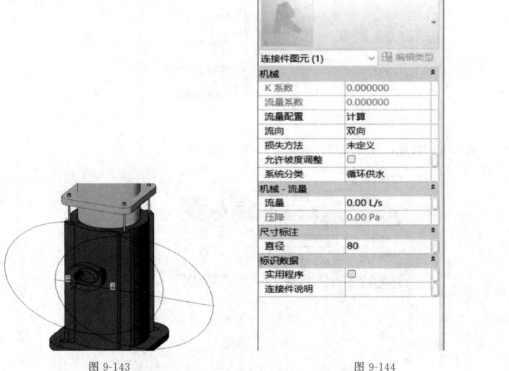

图9-143　　　　　　　　　图9-144

机械设备的设置：创建栏→族类别与族参数→机械设备。

【具体流程】

① 点开，如图9-145所示。

② 在里面选择"机械设备"并点击确定即可完成设置，如图9-146所示。

③ 最后进行保存，并根据题目要求更改图名即可。

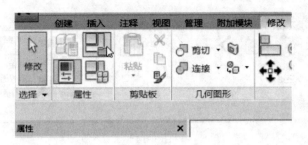

图 9-145

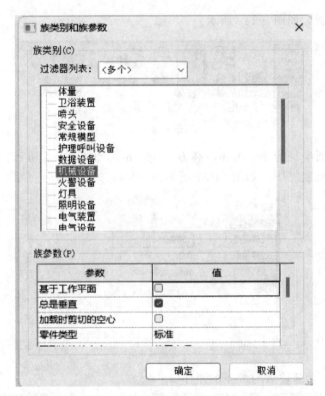

图 9-146

9.3.3 灯具

新建族：选择"公制照明设备"。

制作"灯具"过程如下。

（1）第一部分：准备

到属性栏里关闭"光源"选项→并且点击前立面，在视图中打开平铺。

【具体流程】

① 关闭"光源"，如图 9-147 所示。

② 点击前立面图并打开平铺，如图 9-148 所示。

（2）第二部分：杆件的制作

拉伸绘制→圆半径为 29.5mm，高度为 1500mm→完成绘制。

9-9 灯具

图 9-147

图 9-148

【具体流程】

① 选取拉伸绘制，如图 9-149 所示。

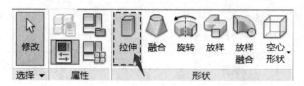

图 9-149

② 绘制杆件：圆半径为 29.5mm，高为 1500mm，如图 9-150 所示。
③ 点击确定，绘制完毕，如图 9-151 所示。

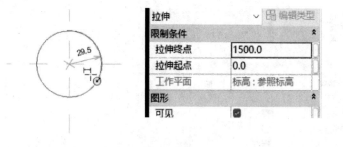 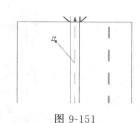

图 9-150　　　　　　　　　　　　　图 9-151

(3) 第三部分：上部玻璃与翻斗的制作

① 玻璃部分：拉伸绘制→圆半径为 400mm，高为 800mm→玻璃绘制完毕。

【具体流程】

a. 选取拉伸绘制。

b. 绘制玻璃：圆半径为 400mm，高为 800mm，如图 9-152 所示。

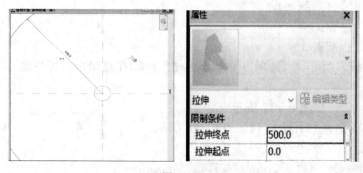

图 9-152

② 翻斗部分：绘制参照线→旋转绘制→厚度为5mm，翻斗上部内圆半径240mm→确定旋转轴线→绘制完毕。

【具体流程】

a. 绘制参照线（RP），如图9-153所示。

b. 选择旋转绘制，如图9-154所示。

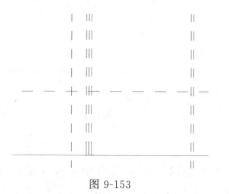

图9-153

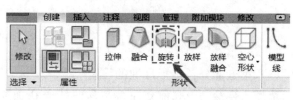

图9-154

c. 绘制"边界线＋旋转轴线"，如图9-155所示。

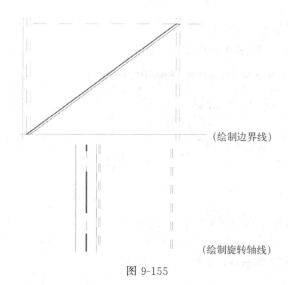

图9-155

d. 最后点击确定，绘制完成，如图9-156所示。

图9-156

（4）第四部分：光源口的绘制

选择拉伸绘制→圆半径为250mm，高为230mm→完成绘制。

【具体流程】

① 选择拉伸绘制。

② 绘制光源口：圆半径为 250mm，高度为 230mm，如图 9-157 所示。
③ 最后点击确定，光源口绘制完毕，如图 9-158 所示。

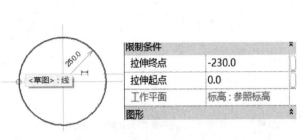

图 9-157　　　　　　　　　　　　图 9-158

（5）第五部分：U 形灯泡的绘制

选择放样绘制→在前立面绘制参照线→在前立面打开绘制路径→偏离中心线 100mm，高度为 797mm→半圆半径 100mm→使用移动命令，将灯泡长度拉为 797mm→在参照平面中编辑轮廓→圆半径为 50mm→绘制参照线→移动＋镜像→完成绘制。

【具体流程】
① 选择放样绘制，如图 9-159 所示。
② 选择"绘制路径"，如图 9-160 所示。

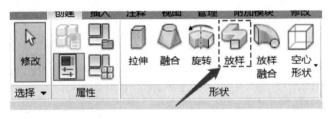 

图 9-159　　　　　　　　　　　　图 9-160

③ 绘制路径：偏移中心线 100mm，圆半径自取 100mm，最后移动拉伸高度 797mm，如图 9-161 所示。
④ 编辑轮廓：圆半径 50mm，如图 9-162 所示。

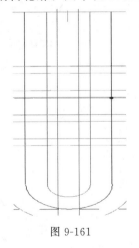 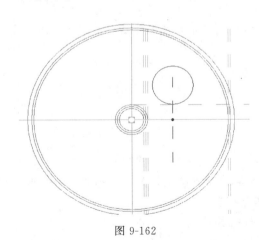

图 9-161　　　　　　　　　　　　图 9-162

⑤ 点击确定，得到如图 9-163 所示。
⑥ 再对其进行镜像（MM），得到图 9-164，绘制完毕。

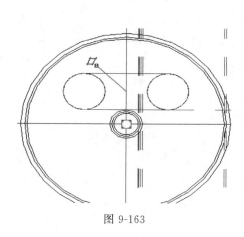

图 9-163

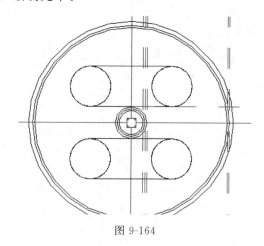

图 9-164

（6）第六部分：绘制灯泡保护套
① 保护套上下部分：前立面绘制参照线→选择旋转绘制→选择边界线绘制→厚度为 5mm，高度为 450mm→拾取中心线作为旋转轴线→点击确定，绘制完毕。

【具体流程】

a. 前立面绘制参照线，如图 9-165 所示。

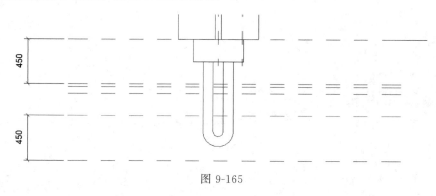

图 9-165

b. 选择旋转绘制。
c. 选择边界线绘制，并且绘制高度为 450mm、厚度为 5mm，如图 9-166 所示。
d. 拾取中心线作为旋转轴，如图 9-167 所示。
e. 点击确定，保护套上下部分绘制完毕。

② 保护套中间部分：选择前立面绘制参照线→选择旋转绘制→选择边界线绘制→厚度为 5mm，高度为 450mm，间隔 27.4mm→拾取中心线作为旋转轴线→点击确定，绘制完毕。

【具体流程】

a. 选择旋转绘制。
b. 绘制参照线（RP），如图 9-168 所示。
c. 选择边界线绘制：高度为 70mm、厚度为 5mm、间隔 27.5mm（复制的间距为 97.5mm，复制另外两个即可），如图 9-169 所示。

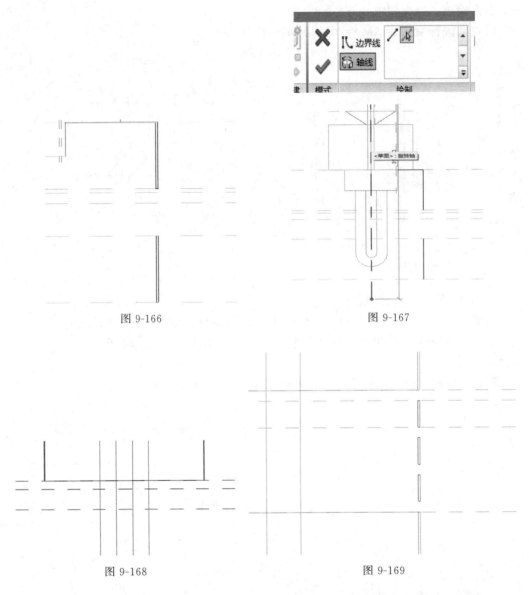

图 9-166　　　　　图 9-167

图 9-168　　　　　图 9-169

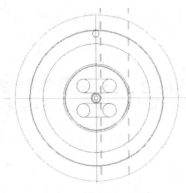

图 9-170

d. 点击确定，绘制完毕。

(7) 第七部分：保护套内三个杆件的绘制

① 在参照平面中进行拉伸绘制→圆半径为 25mm，高度为 1220mm→完成绘制→对杆件进行阵列→修改阵列数据，项目数为 3，旋转角度为 120°→阵列完成，绘制完毕。

【具体流程】

a. 选择拉伸绘制。

b. 绘制杆件：圆半径为 25mm、高度为 1220mm（完成绘制后做参照线，将杆件位置移动到位），如图 9-170 所示。

c. 对杆件进行阵列（AR），修改相关数据，如图 9-171 所示。

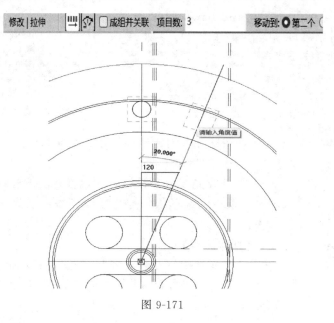

图 9-171

d. 点击确定，阵列完得到如图 9-172 所示。

e. 到此模型"灯具"的绘制已完成，效果如图 9-173 所示。

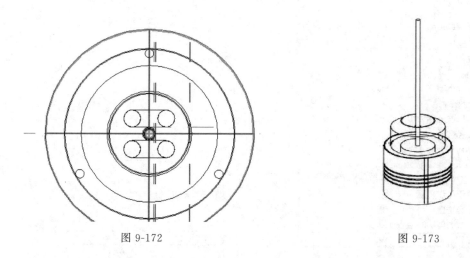

图 9-172　　　　　　　　　　图 9-173

② 为灯具添加连接件：在三维视图中打开创建→选择电气连接件→在杆件上完成添加。

【具体流程】

a. 在三维视图中打开"创建"，如图 9-174 所示。

图 9-174

项目 9　族的创建　225

b. 选择"电气连接件",如图 9-175 所示。

图 9-175

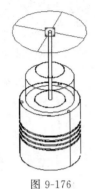

图 9-176

c. 在杆件中创建连接件,如图 9-176 所示。
d. 连接件绘制完成。
③ 修改光线分布设置:在属性中打开光源→选中光源,编辑光源定义→光线形状:点。光线分布:半球形→移动光源至正确位置。

【具体流程】
a. 在属性中打开"光源",如图 9-177 所示。
b. 点击光源,在属性中点击光源定义"编辑",如图 9-178 所示。

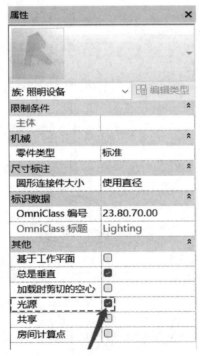

图 9-177

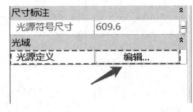

图 9-178

c. 修改光源定义。光线形状:点。光线分布:半球形。如图 9-179 所示。
d. 移动光源至正确位置(光源口),如图 9-180 所示。
e. 光源绘制且修改完毕。
④ 更改灯具材质:选中要改部分,在属性中点击材质→选择相应材质或新建材质→完成相应设置。

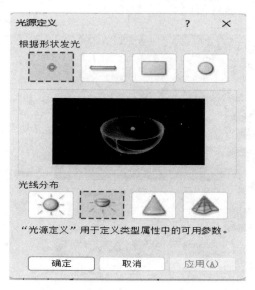

图 9-179

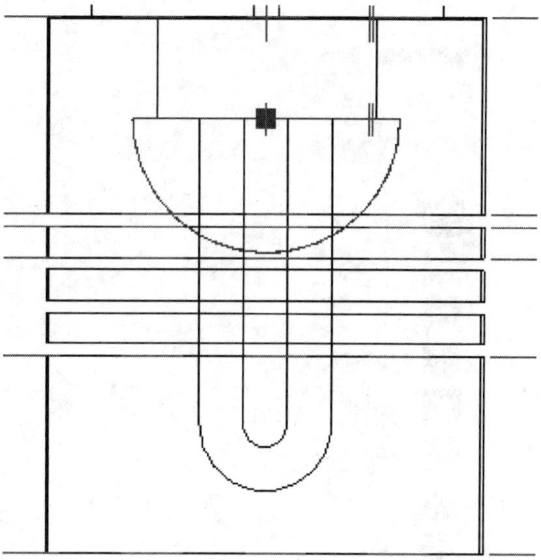

图 9-180

【具体流程】

a. 选中要改部分，在属性中点击"材质"，如图 9-181 所示。

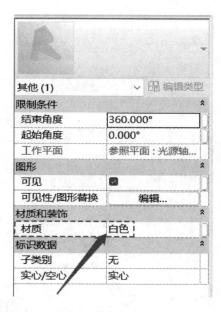

图 9-181

b. 根据效果图，选择相应的已有材质或者新建材质，且对该材质的渲染外观进行更改，已有材质：玻璃，如图 9-182 所示。

c. 新建材质：紫色、白色，如图 9-183 所示。

d. 更改完材料以后，效果如图 9-184 所示。

⑤ 根据题目要求进行"更名并保存"，放置考生文件夹。

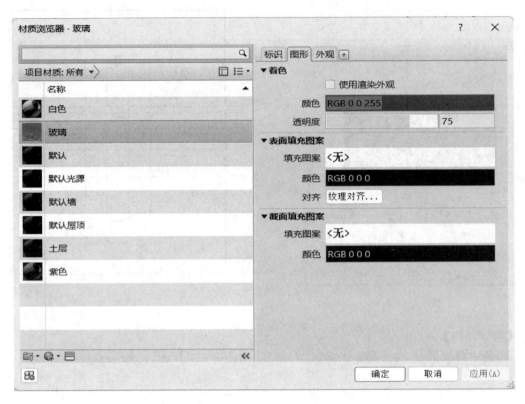

图 9-182

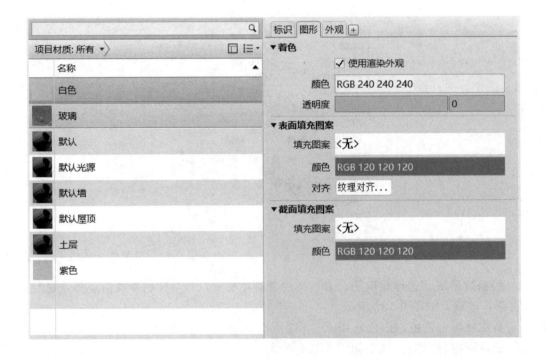

228　数字建造 BIM 应用教程：机电建模与管线综合技术

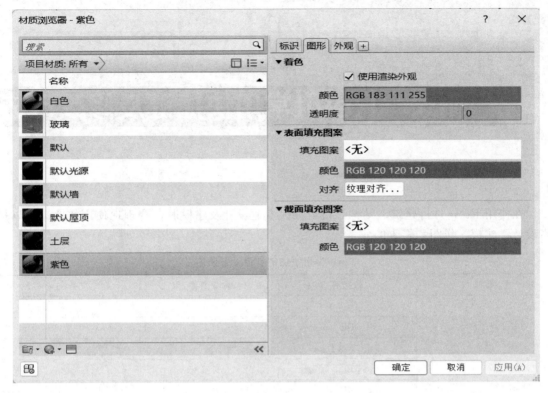

图 9-183

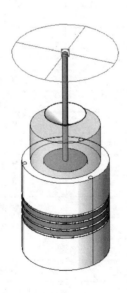

图 9-184

项目 9 族的创建

附录 Revit常用快捷键及修改方法

在使用 Revit 进行建筑、结构和机电三大专业设计及建模时，合理地使用快捷键可以提高设计、建模、作图和修改的效率。

Revit 常用快捷键及命令对照表

类别	快捷键	命令名称	备注
建筑	WA	墙	
	DR	门	
	WN	窗	
	LL	标高	
	GR	轴网	
结构	BM	梁	
	SB	楼板	
	CL	柱	
机电	DT	风管	
	AT	风管末端	
	DF	风管管件	
	DA	风管附件	
	CV	转换为软风管	
	PB	预制零件	
	ME	机械设备	
	MS	机械设置	
	PI	管道	
	PF	管件	
	PA	管路附件	
	FP	软管	
	PX	卫浴装置	
	SK	喷头	
	EW	导线	
	CT	电缆桥架	
	TF	电缆桥架配件	

续表

类别	快捷键	命令名称	备注
机电	CN	线管	
	NF	线管配件	
	ES	电气设置	
	EE	电气设备	
	LF	照明设备	
共用	RP	参照平面	
	TL	轴线	
	DI	对齐尺寸标注	
	TG	按类别标记	
	SY	符号	需要自定义
	TX	文字	
	CM	放置构件	
编辑	AL	对齐	
	MV	移动	
	CO	复制	
	RO	旋转	
	MM	有轴镜像	
	DM	无轴镜像	
	TR	修剪/延伸为角	
	SL	拆分图元	
	PN	锁定	
	UP	解锁	
	GP	创建组	
	UG	解组	
	ET	修剪/延伸单个图元	需要自定义
	OF	偏移	
	RE	缩放	
	AR	阵列	
	DE	删除	
	MA	类型属性匹配	
	CS	创建类似	
	R3(或空格)	定义旋转中心	
视图	F4	默认三维视图	需要自定义
	F8	视图控制盘	
	VV	可见性/图形	
	ZR	区域放大	
	ZF(或双击滚轮)	缩放匹配	
	ZP	上一次缩放	

续表

类别	快捷键	命令名称	备注
视觉样式	WF	线框	
	HL	隐藏线	
	SD	着色	
	GD	图形显示选项	
临时隐藏/隔离	HH	临时隐藏图元	
	HC	临时隐藏类别	
	HI	临时隔离图元	
	IC	临时隔离类别	
	HR	重设临时隐藏/隔离	
视图隐藏	EH	在视图中隐藏图元	
	VH	在视图中隐藏类别	
	RH	显示隐藏的图元	
选择	SA	在整个项目中选择全部实例	
	RC(或空格)	重复上一次命令	
	Ctrl←	重复上一次选择集	
捕捉替代	SR	捕捉远距离对象	
	SQ	象限点	
	SP	垂足	
	SN	最近点	
	SM	中点	
	SI	交点	
	SE	端点	
	SC	中心	
	ST	切点	
	SS	关闭替换	
	SZ	形状闭合	
	SO	关闭捕捉	

【说明】 以下是"自定义快捷键"的两种方法。

（1）方法一

选择"文件" 文件 →单击"选项"命令→在弹出的对话框中选择"用户界面"→单击"快捷键"栏中的"自定义"→在弹出的"快捷键"对话框中找到所需的自定义快捷键命令/使用搜索方式→在"按新键"栏中输入所需快捷键→单击"确定"。

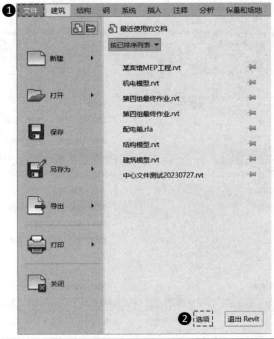

（2）方法二

可直接输入快捷键 KS→在弹出的"快捷键"对话框中→找到所需的自定义快捷键命令→在"按新键"栏中输入所需快捷键→单击"确定"。

参考文献

[1] 汤燕飞，李享．BIM 技术应用——Revit 建筑与机电建模技术．北京：清华大学出版社，2021．
[2] 庞建军，赵秋雨．数字建造 BIM 应用教程——建筑机电建模．北京：清华大学出版社，2023．
[3] 马梦琪．公共建筑机电安装工程 BIM 技术应用研究．邯郸：河北工程大学，2021．
[4] 荣俊杰，建筑电气 BIM 设计关键技术的研究与应用．沈阳：沈阳建筑大学，2021．
[5] 张薇，周立宁，李晓萍，等，BIM 技术在地库管线综合中的应用及优化．山西建筑，2022，48（01）：180-182．
[6] 赵洪海，马梦琪，孟文芳，等．基于 BIM 技术大型机电安装工程研究．粉煤灰综合利用，2022，36（03）：125-131．